ISBN 3-936188-13-0

Lektorat: Sonja Zbinden
Fotos: Christoph Mühlich, Kirsten Berger, Annette Gevatter,
Rudi Binder, Gabriele Haas, istockphoto
Illustration: Jürgen Zimmermann, Stuttgart
Satz & Layout: Annette Gevatter, Großerlach
Druck: Druckerei Mack GmbH, Schönaich

animal learn Verlag, Am Anger 36, 83233 Bernau
email: animal.learn@t-online.de, www.animal-learn.de

INHALTSVERZEICHNIS

Für Turid Rugaas,

mit großem Dank für alles,
was sie uns über Hunde gelehrt hat.

Für alle Hunde,

mit großem Respekt vor
ihrer einzigartigen Persönlichkeit.

Für alle Menschen,

die Hunde lieben und ihnen mit
Achtung und Verständnis begegnen.

EINLEITUNG

Verhaltensforscher waren sich schon immer darüber einig, dass Wölfe über so genannte „cut-off-signals" verfügen. Darunter verstand man bestimmte Elemente des Ausdrucksverhaltens, die bei Begegnungen mit Artgenossen gezeigt werden und dazu dienen, aggressive Verhaltensweisen zu stoppen oder gar nicht erst aufkommen zu lassen. Sie wirken auf das Gegenüber beschwichtigend. Vielfach wurde von Wissenschaftlern bestritten, dass Hunde über ähnliche Kommunikationselemente verfügen. Im Zuge der Domestikation hat sich das gesamte Ausdrucksverhalten des Wolfes beim Hund reduziert, und deshalb glaubte man, dass eben diese Signale zu einem so fein abgestimmten Kommunikationssystem gehören, wie es Hunden nicht mehr zur Verfügung steht.

Turid Rugaas entdeckte jedoch, dass Hunde sehr wohl über diese Signale verfügen, und erforschte diese während langjähriger Beobachtungen an Tausenden von Hunden der unterschiedlichsten Rassen und Mischungen. Die Ergebnisse ihrer Studie fasste sie in einem Buch zusammen, das inzwischen in viele Sprachen übersetzt wurde und zu den Klassikern der kynologischen Fachliteratur zählt.

Beschwichtigungssignale werden aber nicht nur dann gezeigt, wenn sich eine aggressive Auseinandersetzung zwischen Artgenossen anbahnt, sondern auch in vielen anderen Situationen, in denen sich der Hund unsicher, bedroht oder überfordert fühlt. Außerdem werden sie nicht nur innerartlich eingesetzt, sondern auch gegenüber anderen Arten, wie zum Beispiel uns Menschen, Katzen, Pferden usw., gezeigt. Manchmal werden sie auch nicht gezielt an ein Gegenüber gerichtet, sondern drücken einen inneren Gemütszustand des Tieres aus oder dienen dem Abbau von Erregungszuständen.

Die Beschwichtigungssignale zu verstehen und selbst einsetzen zu können ist eine wertvolle Hilfe im Umgang mit unserem Sozialpartner Hund. Durch sie können wir den Hund nicht nur besser verstehen und seine Sicht der Dinge begreifen, sondern sie geben uns auch die Möglichkeit, ihm in „seiner Sprache" zu antworten. Obwohl es nicht wirklich nur seine Sprache ist. Wohl alle Säugetiere, und wahrscheinlich

auch Insekten und andere Arten, verfügen über Beschwichtigungssignale und setzen diese in der inner- wie zwischenartlichen Kommunikation gezielt ein. Interessant hierbei ist, dass es Signale gibt, die offensichtlich von verschiedenen Arten in gleicher Weise benutzt werden, wie zum Beispiel das Wegsehen, das Abdrehen des Körpers, das Zeigen von betont langsamen Bewegungen, als auch solche, die artspezifisch sind, wie zum Beispiel bei Hunden das Wedeln mit der Rute.

Im Training können wir die Beschwichtigungssignale einsetzen, um Konflikte gar nicht erst aufkommen zu lassen oder dem Hund in den Situationen Sicherheit zu geben, die für ihn schwierig zu bewältigen sind. Egal ob ein Hund schüchtern und ängstlich, draufgängerisch oder aggressiv ist, zu einem gut auf das jeweilige Problem abgestimmten Trainingsprogramm gehört, die Signale zu erkennen und adäquat auf sie zu reagieren, aber natürlich lässt sich nicht jedes Problem nur durch ihren Einsatz lösen. Deshalb finden Sie in diesem Arbeitsbuch auch noch viele andere Hinweise, Ideen und Lösungsvorschläge für das tägliche Zusammenleben oder ein gezieltes Training mit Ihrem Freund auf vier Pfoten.

KOMMUNIKATION

Beim Lesen wird Ihnen auffallen, dass wir häufig Vergleiche mit dem Menschen anführen, um das hundliche Verhalten besser erklären und verstehen zu können. In den letzten Jahrzehnten galt die Devise „den Hund bloß nicht vermenschlichen". Dieser Grundsatz ist sicher auch richtig, wenn es darum geht, ihn nicht für eigene emotionale Defizite zu missbrauchen oder von ihm gezeigte Handlungen falsch zu interpretieren, indem man menschliche Maßstäbe ansetzt. Denn tatsächlich lernt ein Hund anders als wir Menschen, benutzt weitgehend eine andere Sprache und lebt nicht mit den gleichen Wertvorstellungen wie wir.

Es scheint aber, als seien wir in unserem Bemühen, diesem eigenständigen Lebewesen in seiner Andersartigkeit gerecht zu werden, etwas über das Ziel hinausgeschossen. Manche Theorien und Übungsansätze muten eher wie Bedienungsanleitungen an und nicht wie Trainingsprogramme für Individuen mit ganz ähnlichen Gefühlen und Empfindungen, wie wir Menschen sie haben. Denn bei aller Unterschiedlichkeit sollten wir nicht vergessen, dass es zwischen den verschiedenen Säugetieren, zu denen sowohl der Mensch als auch der Hund gehören, viele Parallelen auf physischer wie psychischer Ebene gibt. Wir alle empfinden Freude, Begeisterung, Trauer, Schmerz, Angst, Stress, Zuneigung, Abneigung, Liebe.

Mit anderen Worten: Natürlich wollen und sollen wir den Hund nicht vermenschlichen. Aber wir sollten auch aufpassen, dass wir in diesem Vorsatz nicht unmenschlich werden, indem wir den Hund nur noch als ein Tier sehen, das über klassische oder exzitatorische Konditionierung, Sensibilisierung oder Desensibilisierung, intermittierende Belohnung, Strafe, Motivation und andere Trainingstechniken nach unseren Wünschen manipuliert werden kann.

FREUNDSCHAFT

Im Idealfall lernen wir genug über sein Wesen und seine Sprache, um ihn zu verstehen, lassen wir ihm genug Freiheit, damit sich auch seine Eigenständigkeit und Unabhängigkeit von uns entfalten kann, setzen wir ihm ab und an Grenzen, damit er die Richtlinien für das Zusammenleben mit uns Menschen versteht, lassen ab und zu „fünfe gerade sein", weil das Leben unverkrampft mehr Spaß macht, verbringen viel Zeit mit ihm und lieben dabei all die Großartigkeiten und Schwächen seiner Persönlichkeit und wissen die ganze Zeit eines besonders zu schätzen – dass es ein Hund ist, der uns seine Freundschaft und Zuneigung schenkt.

VON DER ACHTSAMKEIT IM TÄGLICHEN MITEINANDER

Es gibt viele Situationen, in denen ein Hund Beschwichtigungssignale zeigt. Nicht immer ist das gleich ein Alarmsignal, manchmal fühlt er sich nur unwohl oder möchte signalisieren, dass es etwas zu viel, zu eng oder zu laut wird. Die Signale werden auch nicht immer bewusst und gezielt an eine Person gerichtet. Was nicht heißt, dass es nicht immer eine Bedeutung hat, wenn sie auftreten. Ähnlich wie in der menschlichen Kommunikation werden sie auch unbewusst gezeigt, laufen sozusagen einfach ab und spiegeln die momentane Erlebniswelt und Stimmung des Hundes wider. Dann geben sie uns die Möglichkeit zu erkennen, wie er diese Situation gerade erlebt.

Wenn wir aufmerksam beobachten, bekommen wir in der Regel schnell heraus, wann und warum unser Hund beschwichtigt. Kennen wir ihn gut, so wissen wir oft schon im Voraus, welche Situationen für ihn schwierig zu bewältigen sind, und können ihm entsprechend helfen. In diesem Kapitel möchten wir einige der vielen kleinen Alltagssituationen beschreiben, in denen sich ein Hund eventuell unwohl fühlt und die wir mit Voraussicht und kleinen Managementmaßnahmen entweder verhindern oder wo wir zumindest helfend eingreifen können.

„Der Schlüssel zum Verstehen findet sich oftmals in der Achtsamkeit gegenüber den kleinen Dingen des Lebens."

Dalai Lama

AM STRASSENRAND

Viele Hunde finden es beängstigend, wenn sie sehr dicht an einer viel befahrenen Straße entlanggeführt werden. Die vorbeifahrenden Autos wirken bedrohlich, der Lärm wird von einem Hund viel lauter wahrgenommen als von uns Menschen.

Auch wenn wir die Straße überqueren wollen, gähnt unser Hund auffällig oft oder leckt sich über den Fang, während wir auf dem Bürgersteig warten, bis die Straße frei ist.

Bleiben Sie einfach einen Schritt weit entfernt von der Bordsteinkante stehen. So halten Sie mehr Abstand zu den vorbeifahrenden Autos und Ihr Hund fühlt sich wohler.

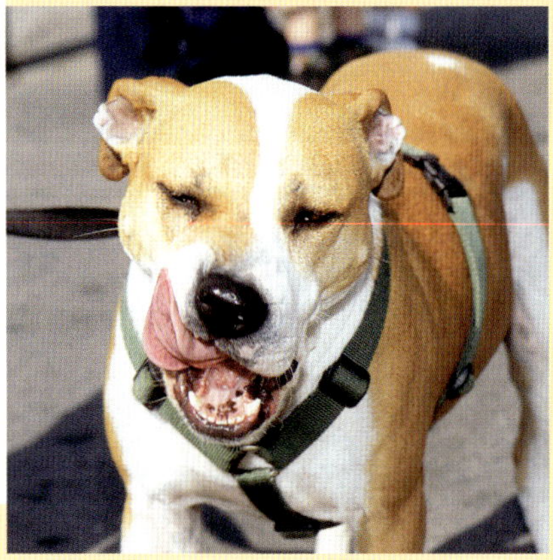

Mit etwas Abstand vom lärmenden Straßenverkehr fühlt Ihr Hund sich wohler.

IM RESTAURANT

Wenn Sie mit Ihrem Hund in ein Restaurant oder in eine Kneipe gehen, achten Sie darauf, einen Tisch in einer ruhigen Ecke zu suchen, damit Ihr Hund nicht dem Durchgangsverkehr ausgesetzt ist. Wenn Sie einen kurzhaarigen Hund haben, nehmen Sie ihm eine kleine Decke mit, damit er nicht auf dem kalten Boden liegen muss. Außerdem versteht Ihr Hund dann schnell: „Da, wo meine Decke liegt, kann ich mich in Ruhe hinlegen, das ist mein Platz."

Kommt die Bedienung an Ihren Tisch, nehmen Sie kurz Blickkontakt mit Ihrem Hund auf und signalisieren Sie ihm über ein Handzeichen, dass die Annäherung eines Fremden an „Ihren" Tisch in Ordnung ist. Bitten Sie gleichzeitig die Bedienung, beim Servieren nicht zu dicht an Ihren Hund heranzugehen, damit sich dieser nicht bedrängt fühlt.

Wenn Sie nach dem Zahlen aufstehen und gehen wollen, sprechen Sie Ihren Hund kurz an. Oft ist zu beobachten, dass der Hund durch das plötzliche Aufstehen und damit verbundene Gerücke der Stühle aus dem Schlaf gerissen und erschreckt wird. Das lässt sich ganz einfach vermeiden, indem man ihn vorher leise anspricht und damit signalisiert, dass es jetzt Zeit zum Gehen ist.

Wichtig: Ist es in einem Lokal sehr voll und somit laut und verraucht, ist es für Ihren Hund vielleicht angenehmer, zu Hause zu bleiben.

BEGEGNUNGEN MIT ANDEREN HUNDEN

In der Regel sind Hunde begeistert, wenn sie beim Spaziergang Artgenossen treffen. Lassen Sie Ihren Hund aber nicht unkontrolliert auf fremde Hunde zurennen, denn das könnte diese erschrecken und in Abwehrbereitschaft bringen, selbst wenn Ihr Hund diese stürmische Begrüßung in freundlicher Absicht zeigt. Halten Sie ihn an, langsam auf andere Hunde zuzugehen. Sie können hierfür das Wort „laaaangsaaammm" betont lang gezogen aussprechen und ihn loben, wenn er daraufhin langsamer wird. Oder Sie rufen ihn mehrfach zurück, wenn er zu schnell zu weit vorausgeht. Nähert er sich dem anderen Hund schließlich ruhig und freundlich, loben Sie ihn mit ebenfalls ruhiger und freundlicher Stimme. Streicheln Sie ihn aber in solchen Momenten nicht – dadurch stören Sie eher die Kommunikation zwischen den Hunden, als dass es etwas nützt.

Meistens gewöhnt sich ein Hund auf diese Weise sehr schnell daran, ruhig und langsam auf andere Hunde zuzugehen. Lässt sich Ihr Hund aber gar nicht ausbremsen, können Sie ihn auch an die Leine nehmen, bis Sie einen Abstand von vielleicht zehn Metern zum anderen Hund erreicht haben und erst dann ableinen. So kann er nicht mit allzu viel Schwung auf den anderen zulaufen. Sprechen Sie auch hier ruhig und freundlich mit Ihrem Hund, während Sie auf den anderen zugehen, um ihn in eine positive und entspannte Erwartungshaltung zu bringen.

Nicht alle Hunde wollen übrigens unbedingt miteinander spielen. Das heißt aber nicht, dass sie kein Interesse aneinander haben. Gerade ältere und/ oder kranke Hunde genießen die Gegenwart eines anderen Hundes beim Spaziergang, ohne gleich ein wildes Toben anzufangen.

Falls Ihr Hund ausweichen möchte, lassen Sie ihn dies unbedingt tun. Entweder ist er unsicher und braucht noch etwas Zeit oder er hat an der Körpersprache und Mimik seines Gegenübers erkannt, dass es besser ist, weiterzugehen. In beiden Fällen wäre es nicht gut, wenn Sie ihn zum Kontakt drängen, da es dann zu einem Konflikt kommen könnte.

Wenn sich zwei Hunde noch nicht kennen, leinen Sie erst dann ab, wenn ein geringer Abstand erreicht ist. So verhindern Sie eine zu schnelle Annäherung, die leicht zu Missverständnissen zwischen den Hunden führen kann.

BEGEGNUNGEN MIT FREMDEN

Ist Ihnen das auch schon passiert? Sie sind mit Ihrem Hund unterwegs, plötzlich bricht eine wildfremde Person in Begeisterungsstürme über Ihren netten, niedlichen, schönen oder aus welchen Gründen auch immer besonderen Hund aus, beugt sich über diesen, stiert ihm in die Augen, betätschelt ihn glückselig lächelnd – während Sie das Gefühl haben, Ihren Hund retten zu müssen. Der zeigt nämlich Beschwichtigungssignale und hofft inständig, dass die Heimsuchung bald ein Ende haben möge. Auf Ihre Bitte, den Hund lieber nicht anzufassen, erhalten Sie ein fröhliches „Ich habe keine Angst, ich liiiiiebe alle Hunde und kenne mich aus!" als Antwort. Das kann so weit gehen, dass Ihr Hund am liebsten flüchten würde oder, falls dies, weil angeleint, nicht möglich ist, sogar in Abwehrbereitschaft geht.

Sollte er schließlich ein leichtes Knurren von sich geben, ist die Person entsetzt, wie Sie einen so aggressiven Hund ohne Maulkorb herumlaufen lassen können.

Kürzlich sah sich meine Hündin Jule einer solchen Begeisterungsattacke ausgesetzt. Auf die wild gestikulierende, in höchsten Tönen flötende, auf sie zustürzende Dame in den Endvierzigern reagierte sie zunächst mit starken Beschwichtigungssignalen und – als dies nichts half – mit einem geschockten Knurren, während sie versuchte, rückwärts laufend auszuweichen. Worauf die Dame Ihren Tonfall in Sekundenschnelle änderte, Jule ein „Du knurrst mich nicht an, du Sauhund!" entgegenschleuderte und nach ihr trat!

Helfen Sie Ihrem Hund aus solchen Situationen heraus. Bitten Sie notfalls mit Nachdruck, ihn in Ruhe zu lassen, oder versuchen Sie von vornherein, solche Begegnungen zu vermeiden, indem Sie ausweichen. Verstehen Sie aber diesen Ratschlag nicht falsch. Natürlich gibt es sehr nette Mitmenschen, die aus den unterschiedlichsten Gründen keinen eigenen Hund halten können und sich deshalb sehr freuen, wenn sie wenigstens einen netten freundschaftlichen Kontakt mit einem fremden Hund pflegen können. Dagegen ist auch gar nichts einzuwenden und meistens laufen diese Begegnungen erfreulich für Mensch und Hund ab. Aber manche Leute benehmen sich schon sehr merkwürdig...

Falls Sie einen großen oder schwarzen oder sogar großen *und* schwarzen Hund haben, werden Sie beide von solchen Überfällen weitgehend verschont bleiben. Sie haben es eher mit Menschen zu tun, die einen großen Bogen um Sie machen oder vorsichtshalber sogar gleich die Straßenseite wechseln – egal, wie freundlich und gut erzogen Ihr Hund ist. Beschwichtigungssignale, bewusst oder unbewusst gezeigt, gibt es eben nicht nur bei Hunden...

BEGEGNUNGEN MIT KINDERN

Kinder verhalten sich aus Sicht eines Hundes oftmals unberechenbar und somit gefährlich. Sie sind laut, gestikulieren viel, machen plötzliche und schnelle Bewegungen. Dies alles kann einen Hund, besonders wenn er an den Umgang mit Kindern nicht gewöhnt ist, sehr verunsichern. Spätestens wenn Ihr Hund deutliche Beschwichtigungssignale zeigt, sollten sie helfend eingreifen. Schaffen Sie Distanz zwischen Kind und Hund. Erklären Sie dem Kind, wie es sich dem Hund richtig nähert, was dieser mag und was nicht. Je nach Alter und Reifegrad des Kindes können Sie ihm auch die Beschwichtigungssignale erklären, damit es selber erkennen kann, wann es dem Hund zu viel wird. Kinder sind in der Regel sehr aufmerksame Beobachter, wenn man ihnen liebevoll erklärt hat, worauf sie achten sollen. Trotzdem sollten Begegnungen zwischen Kind und Hund niemals ohne Aufsicht von Erwachsenen stattfinden.

Früher hatte dieser kleine Hund Angst vor Kindern. Da dieses Mädchen aber ruhig und vorsichtig mit ihm umgeht und gelernt hat, seine Beschwichtigungssignale zu beachten, lässt er sich gern von ihr streicheln.

BEGEGNUNGEN MIT NEUEN UND UNHEIMLICHEN DINGEN...

Wenn Ihr Hund auf etwas Neues beschwichtigend reagiert und ihm dieses „Ding" offensichtlich unheimlich ist, so zeigen Sie ihm ruhig und gelassen, dass man sich davor nicht zu fürchten braucht. Gehen Sie zum Beispiel zu dem Objekt, berühren Sie es, bleiben Sie dabei ganz gelassen, sodass Ihr Hund sieht, „da passiert nichts". Geben Sie ihm Zeit, die Sache selber vorsichtig zu erkunden. Reden Sie ihm eventuell gut zu, aber ohne ihn zu drängen.

LASSEN SIE IHREN HUND NICHT UNBEAUFSICHTIGT

Binden Sie Ihren Hund möglichst nicht vor einem Geschäft an, wenn Sie einkaufen gehen. Lassen Sie ihn auch sonst nicht unbeaufsichtigt, denn Sie wissen nie, was in der Zwischenzeit mit ihm geschieht. Außerdem empfinden es die meisten Hunde als sehr unangenehm, allein – und in der Regel angebunden – zurückgelassen zu werden.

Auch wenn Sie einen Nachbarn oder Freund darum bitten, Ihren Hund einmal auszuführen, sollten Sie sicher sein, dass diese Person die Beschwichtigungssignale Ihres Hundes erkennt und adäquat auf sie reagiert.

Betrachten Sie zum Beispiel die Fotoserie von diesem Hund. Er zeigt viele Beschwichtigungssignale, fühlt sich deutlich unwohl und versucht auszuweichen, was wegen der kurzen Leine nicht möglich ist.

Die meisten Hunde sind von einem Besuch beim Tierarzt nicht wirklich begeistert, sondern reagieren eher ängstlich und nervös, sobald es Richtung Praxis geht. Mit einigen leicht zu organisierenden Managementmaßnahmen können Sie den Besuch angenehmer gestalten.

Warten Sie möglichst nicht im Wartezimmer. Die Enge, der Geruch der Praxis, die anderen, oftmals ebenfalls nervösen Tiere, der Anblick von potentiellen Beutetieren (Zwergkaninchen, Frettchen) oder unbekannten Tieren (Schlangen, Schildkröten) regen Ihren Hund nur unnötig auf. Lassen Sie ihn im Auto und holen Sie ihn erst dann herein, wenn Sie auch wirklich dran sind. Haben Sie schon einmal beobachtet, wie viele Beschwichtigungssignale Ihr Hund zeigt, wenn er im Wartezimmer eines Tierarztes sein muss?!

Nehmen Sie einen Napf und frisches Wasser mit, damit er bei Bedarf aus seinem eigenen Napf trinken kann. Die in manchen Praxen im Eingangsbereich aufgestellten Wasserbehälter sollten Sie meiden. Erstens wissen Sie nicht, welche Hunde mit welchen Krankheiten schon zuvor aus ihm getrunken haben (Infektionsgefahr!) und zweitens findet es Ihr Hund sicher nicht angenehm, aus einem Napf zu trinken, der schon von anderen Hunden „beschlabbert" wurde.

Während der Behandlung sollte er nur dann einen Maulkorb tragen, wenn dies wirklich nötig ist. Das Modell sollte so gewählt sein, dass ihm der Fang nicht zugeschnürt wird und er gut hecheln kann. Denn gerade in dieser stressigen Situation muss Ihr Hund gut atmen und hecheln können, um den durch den Stress erhöhten Sauerstoffbedarf decken zu können. Von Nylontüten, die den Fang vollständig umschließen und zudrücken, ist abzuraten. Das Gleiche gilt für das Zubinden des Fangs mit einer Mullbinde oder einem Stück Seil. So verschnürt kann Ihr Hund nicht vernünftig atmen und bekommt noch mehr Angst, als er ohnehin schon hat.

Selbstverständlich hat das Praxisteam ein Recht darauf, vor bissigen Hunden geschützt zu sein. Wenn bei Ihrem Hund also die Gefahr besteht, dass er solche Abwehrreaktionen zeigt, sollten Sie ihn schon frühzeitig an das Tragen eines Maulkorbes gewöhnen, damit er ihn sich beim Tierarzt in gewohnter Weise aufsetzen lässt. Modelle der Firma „Baskerville" sind empfehlenswert und in jedem guten Fachhandel erhältlich. Sollte Ihr Tierarzt aber bei jedem Hund darauf bestehen, dass der Fang zugebunden wird, ist er vielleicht zu ängstlich und Sie sollten sich lieber nach einem Kollegen umsehen, der die Sache gelassener angeht.

Bitten Sie Ihren Tierarzt, den Hund wenn irgend möglich auf dem Boden zu untersuchen. Wie an dieser Hündin deutlich zu erkennen, ist es für die meisten Hunde sehr unangenehm, wenn sie auf einen Tisch gehoben werden und dort – in für sie Schwindel erregender Höhe – auch noch untersucht werden.

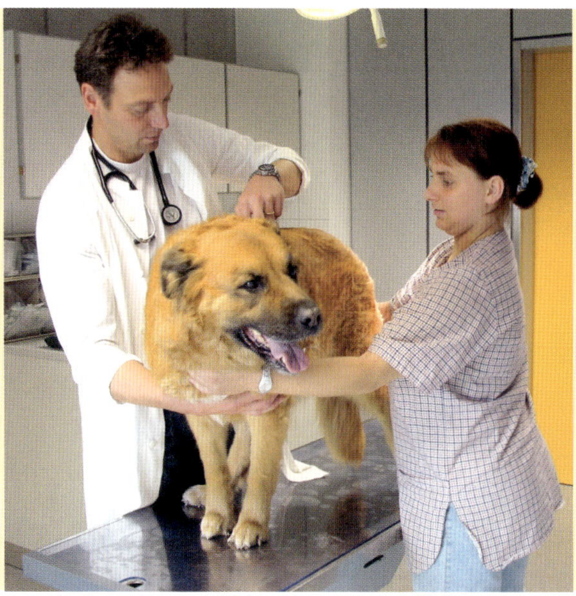

FREIZEITAKTIVITÄTEN

Nicht alle Freizeitunternehmungen, die uns Spaß machen, sind auch für unsere Hunde eine beglückende Erfahrung. Besuchen wir zum Beispiel ein Stadtfest, einen Flohmarkt oder ähnliche Veranstaltungen, bei denen sich Menschenmassen durch die Gegend schieben und der Lärmpegel erheblich anschwillt, sollte der Hund lieber zu Hause bleiben. Schauen Sie sich Hunde an, die versuchen, durch dieses Gedränge durchzukommen – sie sehen alles andere als glücklich aus und zeigen so viele Beschwichtigungssignale, dass man mit dem Zählen kaum nachkommt. Oftmals werden sie auch noch an so kurzer Leine geführt, dass sie entgegenkommenden Menschen oder Hunden kaum ausweichen können.

Unfair wird es, wenn das dann auch noch der Gassi-Gang für den Hund gewesen sein soll. Er hätte einen ruhigen Spaziergang in der Natur sicher vorgezogen.

Lassen Sie Ihren Hund also lieber zu Hause und gehen Sie anschließend mit ihm dort spazieren, wo er sich wohl fühlt.

Wenn Sie beobachten, dass Ihr Hund vermehrt Beschwichtigungssignale zeigt, wenn Menschen am geparkten Wagen vorbeigehen, und ihn diese Situation nervös macht, können Sie einen Sichtschutz anbringen. Oder parken Sie in einer wenig frequentierten Nebenstraße. Beides hilft ihm, die Situation leichter zu ertragen.

Gerade bei der Reise in den Urlaub hat der Hund manchmal so wenig Platz für sich, dass er regelrecht eingequetscht ist zwischen Koffern, Taschen, Schlauchboot und Schwimmflossen. Die Enge und die Angst, irgendeines dieser Gepäckstücke könnte auf ihn herabfallen, lassen ihn beschwichtigen. Packen Sie das Auto immer so, dass Ihr Hund genug Platz zum Liegen und Ruhen hat und alle Gepäckstücke gesichert sind.

Wenn Sie bei einer längeren Reise Rast machen, tun Sie Ihrem Hund einen großen Gefallen, wenn Sie nicht an einer lauten Autobahnraststätte halten. Beobachten Sie einmal, wie hektisch Hunde herumlaufen und wie viele Beschwichtigungssignale sie aussenden, während sie versuchen, einen ungestörten Platz zum Pieseln zu finden.

Suchen Sie sich lieber eine Ausfahrt und vertreten Sie sich die Beine in aller Ruhe – das tut Ihnen und dem Hund gut. Wenn Sie viele Stunden unterwegs sind, kommt es auf diese paar Minuten Umweg sicher nicht an. Für Ihren Hund macht es aber einen großen Unterschied.

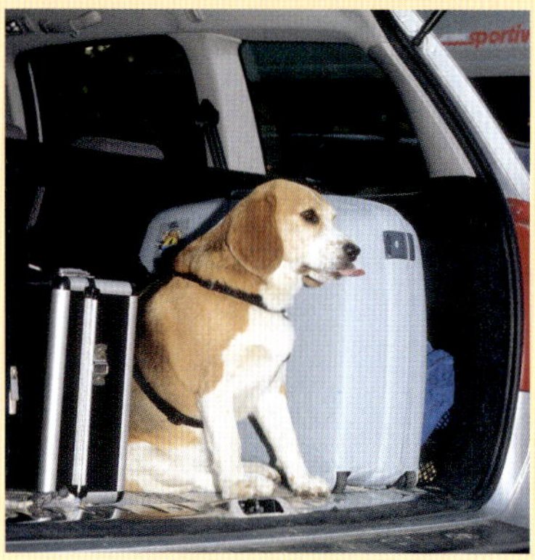

So ist die Fahrt in den Urlaub kein Vergnügen.

KÖRPERPFLEGE

Kämmen, Bürsten, Krallen schneiden, das Abwischen der Pfoten nach einem Spaziergang im Regen oder Schnee – das alles muss sein, gehört aber nicht zu den beliebtesten Tagesaktivitäten unserer Hunde. Bei den meisten von ihnen löst kaum etwas anderes so viele Beschwichtigungssignale aus. Kein Wunder: Die Individualdistanz wird massiv unterschritten und oftmals ziept und zieht es bei der Fellpflege.

So können Sie Ihrem Hund die Sache erleichtern: Beugen Sie sich nicht frontal über den Hund, sondern stellen Sie sich seitlich von ihm hin. Sprechen Sie ruhig und sanft mit ihm und seien Sie vorsichtig beim Abwischen der empfindlichen Pfoten. Wenn Sie sein Fell mit einem Handtuch abtrocknen, rubbeln Sie nicht so heftig, dass der Hund dabei wie ein Cocktail durchgeschüttelt wird. Einige wenige Hunde finden das lustig – die meisten ganz und gar nicht!

Wenn Sie ihn kämmen oder bürsten, tun Sie dies vorsichtig und ziehen Sie eine Haarsträhne nicht von oben bis unten durch. Probieren Sie an sich selbst aus, wie weh das tut – vor allem, wenn Sie längere Haare haben. Kämmen Sie Stück für Stück, machen Sie auch mal kleine Pausen, in denen Sie ein Leckerchen geben. Grundsätzlich sind jeden Tag 5 Minuten Fellpflege leichter zu ertragen, als einmal pro Woche eine Stunde.

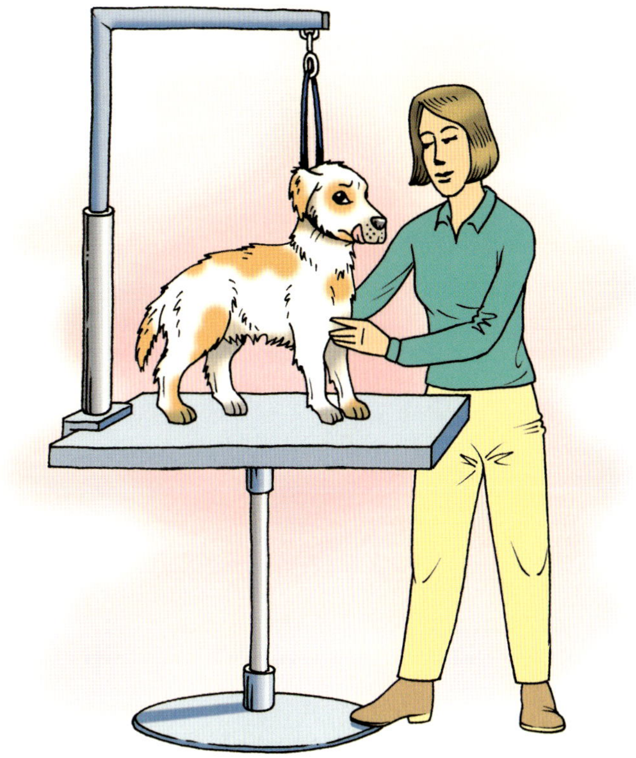

Gehört Ihr Hund zu einer Rasse, die regelmäßig im Salon getrimmt oder geschoren werden muss, so lassen Sie ihn dort niemals allein! Sie haben dann keinerlei Kontrolle, wie dort mit ihm umgegangen wird und ob das Personal auf seine Beschwichtigungssignale reagiert. Lassen Sie auch keinesfalls zu, dass er zur Behandlung am so genannten Galgen aufgehängt wird! Die Wortwahl sagt Ihnen schon, wie sich Ihr Hund dort fühlt. Mit einer Schlaufe um den Hals wird er so kurz angebunden, dass er oft sogar Mühe hat, mit den Pfoten auf dem Frisiertisch zu bleiben, während an ihm herumgefummelt wird.

In guten Salons ist es selbstverständlich, dass Herrchen oder Frauchen beim Hund bleiben können. Ein gut geschulter Hundefriseur sollte die Beschwichtigungssignale kennen und angemessen auf sie reagieren.

BEIM SPAZIERGANG

Zeigt Ihr Hund bei einem Spaziergang ohne für Sie erkennbaren Grund Beschwichtigungssignale? Leckt er sich über den Fang, blinzelt er mit den Augen oder schließt er sie sogar, ohne von der Sonne geblendet zu sein? Will er oft ausruhen oder sogar gar nicht mehr weitergehen? Dann könnten Schmerzen und/ oder Erschöpfung die Ursache sein. Lassen Sie ihn beim Tierarzt gründlich untersuchen.

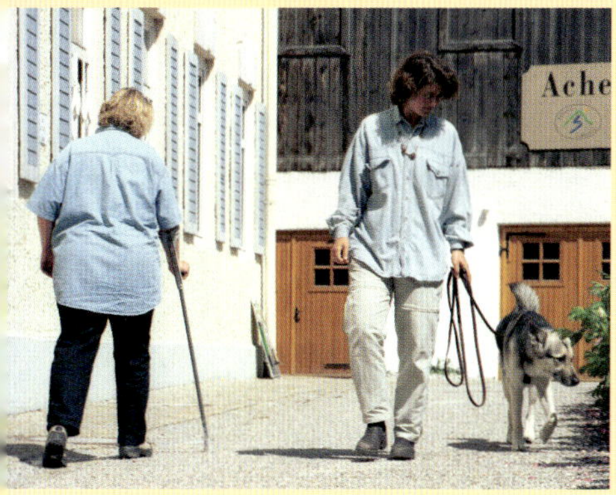

Begegnet Ihnen während des Spaziergangs eine Person oder ein anderer Hund, auf den Ihr Hund beschwichtigend reagiert, so lassen Sie ihm genug Möglichkeiten zum Ausweichen. Gehen Sie eventuell einen Bogen mit ihm oder, falls er nicht angeleint ist, beobachten Sie, ob er von sich aus beschließt, Distanz zu wahren. Versuchen Sie nicht, ihn zu einer Begegnung zu überreden.

Die Frau mit der Gehhilfe ist diesem Hund nicht ganz geheuer und so verlangsamt er sein Tempo und schnüffelt am Boden. Als seine Besitzerin ihn auffordert weiterzugehen, tut er dies zwar, zieht es aber vor, einen Bogen um die „Person mit dem komischen Ding“ zu machen.

KONTROLLE

Extrem häufig werden Beschwichtigungssignale von Hunden gezeigt, die sehr viel kontrolliert und zurechtgewiesen werden. Die Besitzer glauben, sie müssten ihrem Hund permanent Anweisungen geben, damit dieser auch immer wisse, was erlaubt bzw. verboten ist. Sie bemerken dabei gar nicht, wie sie es ihrem Hund dadurch unmöglich machen, eine eigene Persönlichkeit zu entwickeln. Diese Hunde sind ständig in „Hab-Acht-Stellung“, haben Angst, etwas falsch zu machen, und richten häufig Beschwichtigungssignale an ihre Besitzer.

BESUCH ZU HAUSE

Eine besondere Situation entsteht, wenn Freunde oder Verwandte mit ihrem Hund zu Besuch kommen. Viel zu oft wird vorausgesetzt, dass sich unser Hund auf Besuch mit vier Pfoten in seinem eigenen Revier ebenso freut wie wir – was durchaus nicht immer der Fall ist! Auch ist es keine gute Idee, wenn sich beide Hunde praktisch Nase an Nase gegenüberstehen, sobald die Tür aufgeht. Schon oft ist uns von Fällen berichtet worden, in denen sich selbst Hunde, die sich schon lange vorher von Spaziergängen kannten, in die Wolle kriegten, wenn beim ersten Besuch die Tür aufging und sie unvermittelt voreinander standen.

Besser und für alle Beteiligten angenehmer gestalten Sie die Situation, wenn Sie sich zunächst auf neutralem Gelände treffen und dann gemeinsam in Richtung Haus gehen. Spielsachen, Kauartikel und andere konfliktträchtige Gegenstände sollten Sie vorher wegräumen. Sollten Sie beobachten, dass die Hunde trotzdem sehr angespannt sind, sich aus dem Weg gehen oder umeinander herumschleichen und vermehrt Beschwichtigungssignale zeigen, sollten Sie den Besuch beenden. Denken Sie einfach daran, wie anstrengend Besuch zu ertragen ist, der einem eigentlich auf die Nerven geht...

Nicht jeder Hund ist über den Besuch eines Artgenossen in seinen eigenen vier Wänden gleich begeistert.

GÄHNEN SIE!

Wenn Ihr Hund ruhelos ist, zu Hause hektisch herumläuft oder Sie dauernd zu irgendwelchen Aktivitäten auffordern möchte, obwohl Sie sich gerade erst mit ihm beschäftigt haben, setzen Sie sich irgendwo hin und gähnen Sie mehrfach herzhaft. Sie werden merken, wie Ihr Hund relativ schnell zur Ruhe findet und sich entspannt.

Die Sympathie zwischen diesen beiden hält sich in Grenzen...

EIN NEUER HUND IM HAUSHALT

Wenn Sie sich mit dem Gedanken tragen, einen weiteren Hund anzuschaffen, sollte dies wohl durchdacht sein. Vor allem sollten Sie überlegen, ob der oder die bereits vorhandenen Hunde von der Erweiterung der Wohngemeinschaft ebenfalls angetan sein werden. Es ist wichtig, den oder die bereits vorhandenen Hunde in die Entscheidung mit einzubeziehen, ob und, falls ja, welcher Hund aufgenommen wird. Auch Hunde haben Sympathien und Antipathien, können mit dem einen gut und mit dem anderen eher schlecht. Meistens machen wir Menschen uns hierüber zu wenig Gedanken und überlegen nur, dass wir gern noch eine bestimmte Rasse oder einen bestimmten Hund, den wir kennen gelernt haben, aufnehmen wollen, ohne uns allzu viele Gedanken darüber zu machen, ob die Passung zwischen dem neuen und dem bereits vorhandenen Hund wirklich stimmig ist. Ist sie das nicht, bringen Sie alle Hunde in arge Konflikte. Der neue wird erhebliche Schwierigkeiten haben, sich einzuleben. Der oder die bereits vorhandenen fühlen sich nicht mehr uneingeschränkt wohl. Bedenken Sie, wie Sie sich fühlen würden, wenn in Ihrem Zuhause, dem Ort, wo Sie sich entspannen und wohl fühlen möchten, immer jemand auf Sie wartet, den Sie nicht leiden können! Eine sehr anstrengende Situation, die leicht in einen ernsthaften Konflikt ausarten kann.

Insbesondere gilt dies dann, wenn Sie zu einem erwachsenen, eventuell sogar schon älteren Hund einen Welpen dazunehmen möchten. Selbstverständlich gibt es Hunde, die prima mit Welpen zurechtkommen und gleich in eine Art „Onkel-“ oder „Tantenrolle“ schlüpfen, auf den Kleinen aufpassen und ihm die spannenden Dinge des Lebens zeigen. Aber ebenso gibt es Hunde, die ihre Ruhe haben möchten und mit einem quirligen, zappeligen Welpen vollkommen überfordert sind. Testen Sie lieber vorher aus, wie Ihr Hund auf Welpen reagiert. Zieht er sich zurück, zeigt er viele Beschwichtigungssignale oder reagiert er sogar abweisend und genervt, sollten Sie von dieser Idee Abstand nehmen.

IST DAS GLAS HALB LEER ODER HALB VOLL?

Auf die Betrachtungsweise kommt es an...

Wenn Ihr Hund eine Handlung zeigt, die aus Ihrer Sicht unerwünscht ist, so müssen Sie nicht unbedingt gleich strenge Verbote aussprechen. Meistens reicht es aus, dem Hund zu sagen, was er stattdessen tun soll.

Nehmen wir zum Beispiel an, Ihr Hund will bei einem Spaziergang gerade seitlich ins Unterholz verschwinden. Sie vermuten, dass er entweder eine Fährte in der Nase hat, oder Sie möchten aus einem anderen Grund nicht, dass er dies tut. Sie können ihn nun tadeln und sagen: „Nein, da gehst du nicht rein. Aus ist das!" Ebenso gut könnten Sie ihm aber auch sagen: „Hier geht's weiter" und dabei ein Handzeichen in die von Ihnen gewünschte Richtung geben. In beiden Fällen erreichen Sie (zumindest falls er nicht einfach abhaut und sich einen feuchten Kehricht um Ihre Anweisungen schert, aber das wäre dann ein anderes Problem...), dass Ihr Hund nicht die ursprünglich von ihm angestrebte Handlung zeigt. Im ersten Fall haben Sie dies allerdings über ein Verbot (negativ) erreicht, während Sie ihm im zweiten Fall einfach auffordernd und freundlich (positiv) gesagt haben, was Sie von ihm erwarten. Falls Sie sich nun fragen, was das alles mit den Beschwichtigungssignalen zu tun hat, probieren Sie beide Möglichkeiten aus und beobachten Sie die Reaktionen Ihres Hundes.

Dieses Beispiel können Sie auf viele Lebensbereiche übertragen. Sagen Sie Ihrem Hund rechtzeitig, welche Handlung erwünscht ist, statt abzuwarten, bis er etwas Unerwünschtes tut, um ihm das dann zu verbieten.

DER EINSATZ DER BESCHWICHTIGUNGSSIGNALE IM TRAINING

Die Beschwichtigungssignale können nicht nur die Kommunikation im täglichen Zusammenleben mit Ihrem Hund verbessern, Sie können auch ganz gezielt im Training eingesetzt werden.

Stellen Sie sich zum Beispiel ein ganz normales Training zum Grundgehorsam vor. Bei praktisch jedem Kommando können Sie die Signale dazu nutzen, für eine angenehme und entspannte Grundstimmung zu sorgen und Ihrem Hund das Lernen dadurch leicht zu machen.

DAS AN- UND ABLEINEN

Fast alle Hunde zeigen deutliche Beschwichtigungssignale, wenn man sich beim An- oder Ableinen über sie beugt. Und fast alle Hunde sind so klein, dass wir uns herunterbeugen müssen, um sie an- oder abzuleinen. Wenn Sie sich aber seitlich vom Hund hinstellen und versuchen, ihn möglichst wenig zu bedrängen, wird er sich mit der Situation wohler fühlen. Ein Absitzen ist für beide Übungen nicht unbedingt erforderlich, die meisten Hunde zeigen deutlich weniger Beschwichtigungssignale, wenn sie stehen bleiben können. Sie werden es unter anderem daran erkennen, ob und, falls ja, wie viele Beschwichtigungssignale gezeigt werden.

Das Gleiche gilt für das An- und Ausziehen des Geschirres oder Halsbandes. Beugen Sie sich nicht frontal über Ihren Hund und geben Sie ihm anfangs ein Leckerchen, wenn er in das Geschirr oder Halsband schlüpft. So verknüpfen Sie die Situation mit etwas Positivem.

Beugt man sich beim An- oder Ableinen frontal über den Hund, empfindet er das als unangenehm und beschwichtigt.

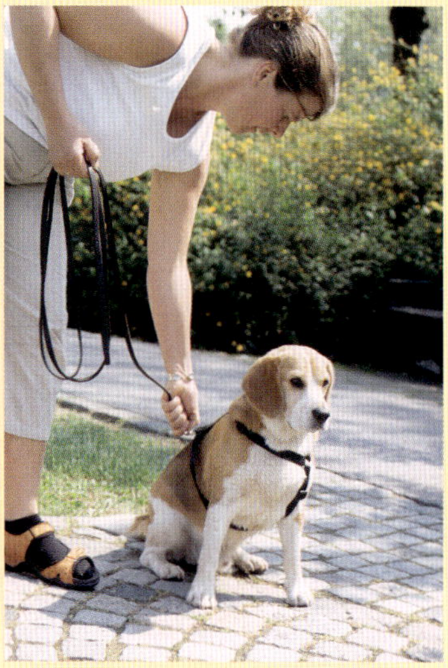

So ist es viel angenehmer für den Hund. Der Mensch steht seitlich, der Hund fühlt sich nicht bedrängt und schaut ihn vertrauensvoll an.

HERANKOMMEN OHNE VORSITZEN

Ziel dieser Übung ist, dass sich der Hund kurz bei seinem Menschen meldet. Anschließend kann er wieder gehen, er braucht nicht abzusitzen oder zu verweilen. Diese Übung können Sie zum Beispiel gut einsetzen, wenn Sie den Hund bei Regenwetter zu sich rufen wollen und ihm ersparen möchten, sich im nassen Dreck hinzusetzen. Wenn Sie ihn mit freundlicher, aufmunternder Stimme gerufen haben, halten Sie Ihre Hand mit dem Belohnungsleckerchen seitlich vom Körper weg, damit er nicht frontal auf sie zulaufen muss.

SITZ

Wenn Sie Ihrem Hund das Kommando „sitz" geben, achten Sie darauf, dass Sie sich nicht frontal über ihn beugen, wenn er sich vor Ihnen absetzt. Bleiben Sie aufrecht stehen, damit er sich nicht bedrängt fühlt. Erlauben Sie ihm, sich mit etwas Abstand zu Ihnen hinzusetzen.

Es ist unsinnig, den Hund dahingehend zu trainieren, dass er regelrecht an einem „klebt", wenn er vorsitzt. Eine so massive Unterschreitung der Individualdistanz ist für ihn sehr unangenehm und letztendlich auch nicht sinnvoll, da der Hund dann nicht einmal Blickkontakt mit Ihnen aufnehmen kann, ohne sich den Hals zu verrenken, weil er extrem steil nach oben schauen muss.

Achten Sie bei den Kommandos „sitz" und „Platz" auf ausreichend Abstand zwischen Ihnen und Ihrem Hund, damit er sich nicht bedrängt fühlt und bequem Blickkontakt mit Ihnen aufnehmen kann.

PLATZ

Ähnliches gilt für das Kommando „Platz". Beschwichtigt Ihr Hund bei der Ausführung dieser Übung, kann das folgende Ursachen haben:

- Sie haben das Kommando zu streng gesagt.
- Sie bedrängen den Hund während der Übung, weil Sie zu dicht vor ihm stehen.
- Sie haben Ihrem Hund diese Anweisung auf einem Untergrund gegeben, der für ihn unangenehm ist (zum Beispiel nasser, kalter Boden) oder ihm sogar Schmerzen bereitet (Kiesweg mit kleinen, spitzen Steinchen und ein sehr kurzhaariger Hund wie zum Beispiel der Viszla).
- Sie verlangen von Ihrem Hund, sich in diese relativ wehrlose Position zu begeben, obwohl sich gerade fremde Hunde nähern und er eigentlich auf diese reagieren müsste.

Es gibt noch viele weitere Möglichkeiten. Überlegen Sie selbst und es fallen Ihnen bestimmt noch welche ein.

BLEIB

Sitzt oder liegt Ihr Hund in diesem Kommando, so gehen Sie langsam in einem kleinen Bogen zu ihm zurück und sprechen Sie ihn dabei ruhig und sanft an.

Beschwichtigt Ihr Hund bei Ihrem Zurückkommen, sind Sie eventuell zu hastig und zu frontal auf ihn zugegangen, sodass es ihm unangenehm wurde oder er sogar Angst hatte, überrannt zu werden. Denken Sie immer an die Perspektive Ihres Hundes: Wir Menschen sind so viel größer als er und laufen direkt auf ihn zu.

Bleiben Sie auch hier mit einem Schritt Abstand zum Hund stehen, damit er nicht das Gefühl hat, überrannt zu werden und bequem Blickkontakt mit Ihnen aufnehmen kann.

Verlangsamen Sie beim Zurückkommen Ihr Tempo und bleiben Sie mit etwas Abstand vor dem Hund stehen – dann empfindet er Ihre Annäherung als angenehm.

UNERWÜNSCHTES ANSPRINGEN

Wenn ein Hund auf Sie zugerannt kommt und Sie das Tempo aus dieser Begegnung nehmen wollen oder verhindern möchten, dass er Sie anspringt, drehen Sie sich seitlich vom Hund weg oder wenden Sie Ihren Körper ganz ab. Dies ist ein sehr deutliches Beschwichtigungssignal, auf das ein Hund in der Regel sofort reagiert.

Diese Frau signalisiert Ihrem Hund durch Abwenden des Körpers, dass sie nicht angesprungen werden möchte. Sobald der Hund auf ihre Körpersprache reagiert, bekommt er Zuwendung.

BEI FUSS

Bei kaum einem anderen Kommando kann man so häufig das Zcigen von Beschwichtigungssignalen beobachten wie gerade bei diesem. Der Hund soll möglichst eng beim Hundeführer gehen, was ihn zwingt, nicht nur seine eigene Individualdistanz zu unterschreiten, sondern auch die seines Menschen. Er muss auf Tempo und Richtung und eventuelle Hindernisse auf dem Weg achten. Als sei dies nicht schon anstrengend genug, wird dieses Kommando oft in Verbindung mit dem Leinenruck und möglichst strengem, zackigem Tonfall („Fußßßß“) gegeben, was den Hund zusätzlich stresst. Ganz schlimm wird es, wenn dieses Kommando auch noch zum „Strafexerzieren“ nach Missetaten verlangt wird und der Hund sich in unmittelbarer Nähe seines vor Wut beinahe platzenden Menschen aufhalten muss.

Setzen Sie das Kommando „bei Fuß“ niemals zur Strafe ein. Sprechen Sie sanft und freundlich mit Ihrem Hund, wenn er Ihnen so nahe kommen soll. Arbeiten Sie nicht mit dem Leinenruck, der Ihrem Hund Schmerzen bereitet und ihm Angst macht. Und verlangen Sie nicht von ihm, dass er wie mit einem Klettverschluss mit Ihnen verbunden an Ihrem Bein „klebt“. Sie werden sehen, wie viel wohler sich Ihr Hund fühlt, wenn Sie ihm etwas Spielraum lassen.

Arbeitet Ihr Hund freudig mit Ihnen, fühlt er sich bei Ausführung Ihrer Anweisung wohl, macht das gemeinsame Arbeiten umso mehr Spaß.

Besonders ein so kleiner Hund fühlt sich mit etwas Abstand beim „bei Fuß“-Gehen wohler.

DER EINSATZ IHRER KÖRPERSPRACHE UND STIMME

Zeigt Ihr Hund *Ihnen gegenüber* Beschwichtigungssignale, so denken Sie darüber nach, ob Ihre Körpersprache ihn eventuell verunsichert hat. Haben Sie sich vielleicht zu stark über ihn gebeugt? Sind Sie zu schnell und/ oder zu frontal auf ihn zugegangen? War Ihre Stimme etwas zu streng? Dann reagieren Sie einfach entsprechend. Ihr Hund hat Ihnen gerade mitgeteilt, dass es ihm zu viel wurde. Sie brauchen jetzt einfach nur die Situation zu verändern, und schon fühlt Ihr Hund sich wieder wohler.

In Situationen, die Sie nicht verändern können – zum Beispiel Ihr Hund beschwichtigt beim Tierarztbesuch, der aber sein muss –, reden Sie ihm einfach gut zu. So geben Sie ihm das Gefühl, zumindest verstanden worden zu sein, auch wenn die Situation als solche nicht zu ändern ist. Allerdings ist damit nicht gemeint, dass Sie ihn übermäßig bedauern und bemitleiden sollen – das macht den Hund in der Regel nur noch nervöser und ängstlicher, als er sowieso schon ist.

Als Faustregel gilt:

Wenn Ihr Hund bei der Ausführung eines Kommandos beschwichtigt oder die Ausführung sogar gänzlich verweigert, halten Sie einen Moment inne und überlegen Sie, warum er das tut. Es gibt immer einen Grund!

Diese beiden verstehen sich gut. Während einer kurzen Rast legt die Frau den Arm um ihren Hund, ohne ihn jedoch zu bedrängen.

Erst wenn Sie herausbekommen haben, warum Ihr Hund ein Kommando nicht befolgen will, sollten Sie entscheiden, ob Sie auf der Ausführung Ihrer Anweisung bestehen oder ob Ihr Hund Ihnen vielleicht gerade zu Recht mitteilt, dass dieses Kommando jetzt keinen Sinn macht oder er es aus irgendwelchen Gründen nur schwer oder gar nicht ausführen kann. Hier einige Beispiele:

Ein Hundeführer gab seinem Boxer das Kommando „Platz". Obwohl dieser generell über einen guten Grundgehorsam verfügte, wollte er sich nicht ablegen. Daraufhin verschärfte der Mann seinen Tonfall, worauf der Hund das Kommando zwar andeutete, sich aber nicht ganz ablegen wollte. Nun brüllte der Mann seinen Hund an und stellte zufrieden fest, dass sich dieser hinlegte. Der Mann glaubte, er habe nun bewiesen, dass er sich seinem Hund gegenüber durchsetzen kann. Damit mag er Recht haben. Der Intelligentere von beiden war jedoch der Hund. Er wollte sich auf den scharfen und spitzen Kieselsteinchen des Fußweges nicht ablegen, weil ihm dies sehr unangenehm war. Er hatte den Gehorsam mehrfach angedeutet und Blickkontakt mit seinem Besitzer aufgenommen, dieser hatte jedoch nicht verstanden.

Eine Frau gab ihrer Golden Retriever-Hündin das Kommando „sitz". Die Hündin wollte sich nicht setzen, versuchte der Situation auszuweichen, indem sie sich ein paar Meter entfernte und ihr Frauchen stark beschwichtigte. Daraufhin überlegte die Frau, warum sich Ihre sonst so gehorsame Hündin so verhielt und fand den Grund: Ihre Hündin hatte direkt über einem Hundehaufen gestanden, als sie ihr das Kommando gab! Kein Wunder, dass sie sich nicht setzen wollte...

Dem Besitzer des siebenjährigen großen Mischlingsrüden „Benno" fiel auf, dass dieser immer beschwichtigte, wenn er ihm die Kommandos „sitz" oder „Platz" gab und diese Übungen auch eher schwerfällig ausführte. Er entschloss sich, mit Benno zum Tierarzt zu gehen und ihn untersuchen zu lassen. Tatsächlich wurde eine beidseitige, mittelschwere Hüftgelenksdysplasie diagnostiziert. Wissend um diesen Befund, stellte der Mann das Training um und verlangte diese Kommandos nicht mehr von seinem Hund, um ihm das Leben nicht unnötig schwer zu machen.

Eine läufige Hündin wurde von Ihrer Besitzerin aufgefordert, in der Sitzposition das Kommando „bleib" auszuführen. Sie beschwichtigte sehr stark, war unruhig, stand immer wieder auf und leckte sich im Genitalbereich. Ein Verhalten, das häufig bei Hündinnen in der Hitze zu beobachten ist. Offensichtlich ist es vielen Hündinnen unangenehm, sich längere Zeit auf das geschwollene Geschlechtsteil zu setzen...

Es gibt viele solcher Beispiele. Schulen Sie Ihre Beobachtungsgabe und nehmen Sie sich die Zeit, Situationen sorgfältig zu erfassen. Sie werden sich wundern, wie viel Ihnen auffällt. Wie Sie sich selbst darin trainieren können, ein guter Beobachter zu sein, erfahren Sie im folgenden Kapitel.

SCHULEN SIE IHRE BEOBACHTUNGSGABE

Lernen Sie, ein guter Beobachter zu sein. Setzen Sie sich zum Beispiel auf eine Parkbank und beobachten Sie die vorbeikommenden Hunde. Nehmen Sie sich Zeit dafür und notieren Sie eventuell, was Ihnen auffällt. Versuchen Sie anhand der Körpersignale, des Ausdrucksverhaltens, der Mimik des Hundes herauszufinden, wie sich dieses Tier wohl fühlt. Achten Sie dabei ruhig auch auf Ihr „Bauchgefühl" und darauf, was Ihnen der gesunde Menschenverstand sagt. Man muss keine Doktorarbeit schreiben können, um zu verstehen, dass sich ein Hund, der an kurzer Leine zum „bei Fuß"-Gehen gezwungen wird, obwohl er versucht, einem entgegenkommenden Hund auszuweichen, unsicher und ängstlich fühlt. Beobachten Sie, ob diese Unsicherheit eventuell in Aggression umschlägt und wie der Hundeführer darauf reagiert. Wenn Sie hierin schon einige Übung haben, versuchen Sie, sich selbst und Ihren eigenen Hund in unterschiedlichen Situationen zu beobachten. Das ist viel schwieriger, als es bei anderen zu tun, da man persönlich in die Situation involviert ist. Alle gemachten Erfahrungen und durchlebten Gefühle beeinflussen Ihre Wahrnehmung und Ihre Interpretationen können das Bild verfälschen.

Sie glauben zum Beispiel, dass es für Ihren Hund gar nicht so schlimm ist, gebürstet zu werden, weil er es ja – wenn vielleicht auch nicht begeistert, so doch mit Ruhe – über sich ergehen lässt. Einem Beobachter von außen fällt aber sofort auf, dass Ihr Hund während der Körperpflege extrem beschwichtigt, am liebsten davonlaufen würde und nur deshalb bleibt, weil er gelernt hat, dass er es eben muss.

Oder Sie glauben, Ihrem Hund einen Gefallen zu tun, wenn Sie ihn mit zum Einkaufsbummel nehmen. Würden Sie Ihren Hund aber genau beobachten, würde Ihnen eventuell auffallen, wie gestresst er durch die Menschenmengen läuft und dass er viel lieber zu Hause bleiben würde, würde man ihn nur fragen.

Das Ausfüllen von Beobachtungsbögen kann Ihnen helfen, gezielt Informationen zu sammeln und Ihren Blick zu schärfen. Hierbei gibt es zwei Varianten. Bei Variante A beobachten Sie im Zeitraum von 5 Minuten ein Thema, zum Beispiel, wie oft ein Hund Kontakt mit seinem Besitzer aufnimmt. Schreiben Sie auf, wann und wie er es tut. Ihr Arbeitsbogen sollte dabei in Minuten unterteilt sein.

Bei Variante B spezifizieren Sie dann die in A gemachten Beobachtungen. Das heißt, Sie nehmen sich wieder einen Zeitraum von 5 Minuten und notieren jetzt eine Verhaltensweise, die Ihnen besonders aufgefallen ist, in diesem Beispiel das häufige Bellen. Wie oft genau bellt der Hund? Wie reagiert die Besitzerin darauf? Wird das Bellen innerhalb des Beobachtungszeitraumes eher weniger oder steigert es sich? Und so weiter.

Also zum Beispiel:

Beobachtungsbogen Variante A

Name: Franziska Müller **Datum:** 19. Oktober 2004

Hund: Ella **Ort:** Wohnzimmer des Hauses

Thema: Kontaktaufnahme des Hundes zur Besitzerin

1. Minute
Blickkontakt, kommt an, stellt sich seitlich, will gestreichelt werden, hechelt aufgeregt

2. Minute
Blickkontakt, wirft Ball vor die Füße, Blickkontakt, Blickkontakt, Blickkontakt

3. Minute
bellt Frauchen an, Blickkontakt, legt Ball auf den Schoß, bellt

4. Minute
legt Ball vor die Füße, Blickkontakt mit Bellen, Blickkontakt, Bellen

5. Minute
wirft Ball auf den Schoß, bellt Frauchen dauernd an, springt herum

Je nachdem, welche Beobachtungen man macht, ergeben sich weitere Themen, zum Beispiel, wie oft der Besitzer auf die Bemühungen zur Kontaktaufnahme reagiert, oder auch, wie oft er diese Bemühungen übersieht. So kommen Sie zu immer mehr Themen und Spezifizierungen, bis Sie schließlich ein ziemlich genaues Bild davon haben, was sich in der Beziehung zwischen diesem Menschen und seinem Hund abspielt.

Nach mehrfachen Wiederholungen solcher protokollierten Beobachtungen werden Sie bemerken, wie Sie immer besser darin werden, Situationen schnell und gezielt zu erfassen.

Sie können besser erkennen,

- was genau das Problem ist,
- welche Auslösefaktoren es für das unerwünschte Verhalten gibt,
- wie genau der Hund auf diesen Auslöser reagiert,
- wie der Mensch auf diesen Auslöser oder auf das Verhalten seines Hundes reagiert
- usw. usw.

Beobachtungsbogen Variante B

Name: Franziska Müller **Datum:** 19. Oktober 2004

Hund: Ella **Ort:** Wohnzimmer des Hauses

Thema: Frauchen anbellen

1. Minute
1 x bellen mit Blickkontakt, Frauchen erwidert Blickkontakt

2. Minute
3 x bellen, davon zweimal mit direktem Blickkontakt zwischen Frauchen und Ella

3. Minute
1 x bellen, länger als in den ersten beiden Minuten, Frauchen wendet dann Blick ab

4. Minute
4 x bellen, sehr fordernd, Frauchen hat Blick abgewendet

5. Minute
1 x bellen, nur kurz, dann schnüffeln auf dem Boden

Lernen Sie, ein guter Beobachter zu sein. Nur das geschulte Auge sieht, dass diese vergnügliche Badeszene einen Konflikt beinhaltet. Der Rottweilermischling beschwichtigt sein Gegenüber durch Abwenden des Kopfes, denn der Border Collie-Mischling fixiert ihn und will ihn nicht vorbeilassen.

VERHALTENSÄNDERUNG ERWÜNSCHT – MEIN HUND SOLL UMLERNEN

GRUNDLAGEN ZUM TRAINING

Möchten Sie an einer unerwünschten Verhaltensweise Ihres Hundes trainieren, ist es umso wichtiger, dass Sie Ihre Beobachtungsgabe geschult haben. Sie sollten sich aber auch gut im Erkennen und Deuten der Beschwichtigungssignale auskennen und über die wichtigsten Grundlagen über Stress und Aggression Bescheid wissen. Eine kurze Zusammenfassung dieser Themen finden Sie in diesem Kapitel.

Wenn Sie aber nicht über ein wirklich fundiertes Fachwissen über Hunde verfügen, empfehlen wir Ihnen, sich einen erfahrenen Trainer zu suchen, der Ihnen bei der Erziehung/ Umerziehung Ihres Hundes hilft. Achten Sie darauf, dass dieser Trainer nicht mit aversiven Reizen (Strafreizen) arbeitet, und stimmen Sie keinesfalls zu, Ihren Hund in eine so genannte „stationäre Ausbildung" zu geben. Dies bedeutet, dass Sie Ihren Hund beim Trainer abgeben und nach einem vereinbarten Zeitraum „fix und fertig erzogen" wieder abholen.

Diese Art der Ausbildung birgt folgende Risiken in sich:

- Sie haben keinerlei Kontrolle darüber, *wie* und *wie oft* mit Ihrem Hund trainiert wird, welche Erziehungsmethoden zur Anwendung kommen und wie der Trainer und eventuell vorhandenes Betreuungspersonal mit Ihrem Tier umgeht!

- Ihr Hund lernt, bei einer *anderen* Person in einer *anderen* Umgebung zu gehorchen. Fast immer ist es so, dass er sehr schnell wieder in seine alten Verhaltensmuster fällt, sobald er wieder zu Hause ist. Mit anderen Worten hat er gelernt: „O.k., wenn ich beim Trainer bin, läuft es anders als bei meinem Herrchen oder Frauchen..." Aber was hat das mit Ihrer Lebenssituation zu tun???

- Die in diesen Fällen meistens angebotene „Einarbeitungszeit" des Hundebesitzers in das Training mit seinem „neuen Hund" ist viel zu kurz. Wie soll es Ihnen möglich sein, all die vielen Details eines oft wochenlangen Trainings in zwei bis fünf Tagen zu erlernen?! Ihr Misserfolg in der Umsetzung ist also regelrecht vorprogrammiert. Menschen, die sich dann unzufrieden an ihre Hundeschule wenden, weil Ihr Vierbeiner zu Hause wieder „ganz der Alte" ist und nichts so klappt, wie vom Trainer versprochen, müssen sich dann oft mit der Antwort begnügen: „Das liegt dann an Ihnen, bei uns ging alles wunderbar!"

- Abgesehen davon, dass Sie diese vielen kleinen Übungsschritte nicht kennen, ist auch von Bedeutung, dass Sie diese nicht miterlebt haben! Gerade wenn Ihr Hund ein Verhaltensproblem hat, ist es umso wichtiger für Sie, all die vielen kleinen Schritte zum Erfolg mit Ihrem Hund gemeinsam zu erarbeiten und zu erleben. Sie fassen wieder Vertrauen zu ihm und er zu Ihnen, das gemeinsame Arbeiten und Überwinden des Problems schweißt sie beide zusammen und stärkt Ihre Bindung.

Nehmen wir zum Beispiel an, Ihr Hund hat Angst vor einer bestimmten Sache. Soll er wirklich mit einem Trainer lernen, diese Angst zu überwinden? Wollen nicht SIE die Person sein, die ihm helfend zur Seite steht? Ihr Hund soll lernen, dass SIE für ihn da sind, dass er sich vertrauensvoll an SIE wenden kann.

Oder nehmen wir an, Sie haben einen Hund, der Jogger, Radfahrer und auch sonst alles, was sich bewegt, jagt. Sie fangen an, mit ihm daran zu arbeiten, und können die ersten kleinen Erfolge verbuchen. Sind Sie jetzt nicht sehr stolz auf sich und Ihren Hund? All diese gemeinsamen Erlebnisse und Gefühle bringen Sie beide zu wertvollen und wichtigen Erfahrungen und sollten deshalb nicht einer Person von außen überlassen werden.

Mensch und Hund lernen gemeinsam – nur so kann ein echtes Team entstehen.

- Die angebotenen Trainings sind in der Regel viel zu lang. Der Hund soll vier, sechs oder sogar acht Wochen lang geschult werden. Bedenken Sie, dass jeder Mensch und jedes Tier nur begrenzt aufnahmefähig ist. Stellen Sie sich vor, Sie würden auf ein Seminar geschickt, das bei täglichem Unterricht sechs Wochen dauert!

  Ideal sind kleine Trainingseinheiten mit ausreichend langen Pausen. Es kann nötig sein, dass diese Pausen ein, zwei oder auch mehrere Tage dauern. In dieser Zeit wäre es also vollkommen sinnlos, ihn woanders (meistens übrigens in einem Zwinger!) unterzubringen.

- Der Hund wird durch die Trennung von seiner Bezugsperson und von seinem gewohnten Umfeld zusätzlich gestresst, was eine denkbar schlechte Voraussetzung für effizientes Lernen ist.

Bedenkt man all diese Punkte, so wird schnell klar, dass eine stationäre Ausbildung nicht in Frage kommt. Suchen Sie sich einen Trainer, der Ihnen kompetent bei der Erziehung Ihres Hundes hilft.

Diese Suche ist allerdings gar nicht so einfach, denn bisher gibt es keinerlei geregelte Ausbildung für den Beruf des Hundetrainers, und so ist das Angebot von selbst ernannten Kynopädagogen, Tierpsychologen, Hundeflüsterern und sonstigen Experten unüberschaubar groß, und nicht wirklich alle, die ihre Dienstleistung anbieten, sind auch wirklich qualifiziert. Informieren Sie sich also gut und fragen Sie genau nach Qualifikationen, bevor Sie sich und Ihren Hund jemandem anvertrauen.

FOLGENDE TIPPS KÖNNEN IHNEN BEI DER TRAINERSUCHE HELFEN:

Der Trainer/ die Trainerin...

- ...sollte über eine fundierte Ausbildung im Umgang mit Hunden und Menschen verfügen und jederzeit in der Lage sein, diese auch nachzuweisen. Schwammige Versicherungen wie „...ich hab' da mal einen Kurs gemacht..." oder „...ich weiß schon Bescheid..." reichen nicht aus!

- ...sollte selbstverständlich über ein breit gefächertes (!!!) Fachwissen über Hunde verfügen und in der Lage sein, mit den unterschiedlichsten Rassen, Charakteren und Problemstellungen umzugehen.

- ...sollte offen sagen, wenn er/ sie noch Berufsanfänger/in ist und Ihnen einen versierten Kollegen empfehlen, wenn er/ sie sich mit einem Training überfordert fühlt. Im Gegenzug wäre es schön, wenn Sie diese Ehrlichkeit anerkennen und nicht als Schwäche auslegen... jeder hat mal in seinem Beruf angefangen!

- ...muss in der Lage sein zu erkennen, wann Hund und/ oder Mensch eine Pause brauchen. Sehr häufig werden beide hoffnungslos überfordert und gehen anschließend verunsichert und frustriert nach Hause.

- ...sollte eine stationäre Ausbildung ohne Hundebesitzer ablehnen. Die angeblich sorgfältige Einweisung von ein bis fünf Tagen nach dem Training kann dem Hundebesitzer niemals vermitteln, in welchen Einzelschritten der Hund die Trainingsziele erlernt hat, und Sie als Hundebesitzer haben keinerlei Kontrolle darüber, WIE Ihr Hund erzogen wurde. Hinzu kommt als großer Nachteil für Sie: Ihr Hund lernt, die Übungen mit seinem Trainer auszuführen, nicht mit Ihnen.

- ...sollte immer auskunftsfreudig sein und sich bemühen, dem Kunden so viel Fachwissen wie nur möglich zu vermitteln. Übungen müssen im Aufbau genau erklärt, Ihre Fragen müssen beantwortet werden. Idealerweise erhalten Sie schriftliche Unterlagen wie zum Beispiel Arbeitsblätter oder ein Trainingstagebuch, damit Sie die Fülle der Informationen zu Hause in aller Ruhe durcharbeiten und wiederholen können.

- ...sollte in der Lage sein, sich ganz individuell mit den einzelnen Hundebesitzern auseinandersetzen zu können – und auch zu wollen! Leider vermissen viele Hundebesitzer im Training Geduld und Verständnis für ihre ganz persönlichen Probleme. Manchmal werden sie sogar unverschämterweise als „unfähig, einen Hund zu führen" oder sogar als „zu doof" bezeichnet. Das sollte man sich auf keinen Fall gefallen lassen. Wechseln Sie die Hundeschule und machen Sie möglichst auch publik, wie dort mit Kunden umgegangen wird. Schließlich handelt es sich bei einer Hundeschule um ein Dienstleistungsunternehmen, das auch entsprechend geführt werden sollte.

- ...sollte selbstverständlich nach neuesten verhaltenskundlichen Erkenntnissen und ohne Einsatz von tierschutzrelevantem Zubehör wie Reizstromgeräten, Anti-Kläff-Halsbändern usw. arbeiten. Alle Methoden, die dem Hund Angst oder Schmerzen zufügen, seine Persönlichkeit zerstören oder ihn in seiner Würde verletzen sind indiskutabel. Der auch heute noch viel geforderte „Kadavergehorsam" sagt viel über die Psyche des Trainers und nichts über die des Hundes aus.

- ...sollte frei von Profilneurosen sein und nicht ständig damit prahlen, wie gut er/ sie ist und wie schlecht all die anderen sind. Kollegialität und Fairness sagen viel über die Charaktereigenschaften eines Menschen aus!

- Ständige Fortbildung und das regelmäßige Überprüfen der eigenen Trainingsmethoden sollten eine Selbstverständlichkeit sein.

- Beobachten Sie Ihren Hund: Ihr Hund sollte nicht nur gern, sondern möglichst mit Begeisterung in „seine" Schule gehen! Eine Hundeschule, die der Hund auch nach mehreren Trainingsstunden nur unsicher und/ oder widerstrebend besucht, sollten Sie verlassen. Die Hunde selbst sind oft das sicherste – und auch verräterischste – Barometer für die Qualifikation des Trainers und die Qualität der Schule!

Auch wenn Sie einen Profi an Ihrer Seite haben, der Übungen zunächst aufbaut und leitet, sollten Sie immer das Ziel haben, schließlich selbst mit Ihrem Hund zu arbeiten und ihn wieder eigenständig zu führen. Hierfür müssen Sie unter anderem die Bereitschaft mitbringen, möglichst viel über Ihren Hund – und Hunde im Allgemeinen – zu lernen. In diesem Kapitel finden Sie deshalb eine kurze Zusammenfassung so wichtiger Themen wie Stress, Angst und Aggression, bei den Literaturempfehlungen finden Sie entsprechende Bücher zum tieferen Einstieg und Verständnis. Nehmen Sie sich Zeit, diese Themen zu erarbeiten und sich vorzubereiten – umso erfolgreicher wird Ihr Training sein.

Beim ersten Besuch „seiner Schule" findet dieser Hund Leckerchen, die vorher für ihn ausgelegt wurden. ☺

Ein ganz wichtiger Punkt bei der Vorbereitung des Trainings ist die Auswahl des Trainingsortes. Es sollte in jedem Fall ein Ort sein, an dem sich Ihr Hund wohl fühlt. Bedenken Sie: Sie wollen mit Ihrem Hund etwas erarbeiten, hierfür brauchen Sie seine Aufmerksamkeit. Fühlt Ihr Hund sich nicht wohl, hat er schon allein vor dem Raum, dem Hundeplatz oder Ähnlichem Angst, so ist er gestresst und seine Lernleistung ist herabgesetzt. Eventuell verknüpft er mit dem von Ihnen gewählten Ort sogar etwas Unangenehmes, ihn Ängstigendes. Das würde bedeuten, dass er schon mit der Erwartung in das Training geht, dass etwas Unangenehmes auf ihn zukommt. Entsprechend nervös und ablehnend wird er sein.

Deshalb wählen Sie entweder einen Ort, an dem sich Ihr Hund wirklich gern aufhält, oder Sie wählen einen neutralen Ort, mit dem er zumindest nichts Unangenehmes verbindet.

Sollte das Training in Räumlichkeiten stattfinden, die der Hund noch nicht kennt, können Sie wie folgt vorgehen:

Lassen Sie den Hund im Auto und gehen Sie in den Raum, die Halle o.ä. und legen Sie einige Würstchen- und/ oder Käsestückchen auf dem Boden verteilt aus. Idealerweise handelt es sich um einen Raum mit ein oder zwei weiteren Ausgängen in andere Räume oder nach draußen.

Nun holen Sie den Hund an einer locker durchhängenden Leine rein. Lassen Sie ihn sich in aller Ruhe umschauen, lassen Sie ihn selbst wählen, wohin er gehen und was er beschnüffeln möchte usw. Lenken Sie ihn nicht in irgendeine Richtung und erwarten Sie jetzt auch nichts von ihm. Zeigen Sie ihm nur, welche Ein- und Ausgänge der Raum hat und wo diese hinführen.

Warum das so wichtig ist? Denken Sie an sich selbst! Stellen Sie sich zum Beispiel vor, Sie besuchen ein Seminar. Sie fahren zum Veranstaltungsort und sind vielleicht ein klein wenig aufgeregt, weil Sie den Weg noch nicht kennen. Schließlich kommen Sie an, betreten den Raum und dort sitzen auch schon einige wenige Teilnehmer. Sie kennen niemanden. Was würden Sie zuerst tun? Nun, nachdem Sie sich den Raum kurz angesehen haben, suchen Sie sich wahrscheinlich erst einmal einen Platz, an dem Sie sich wohl fühlen. Eventuell gehen Sie zum Veranstalter und sagen Bescheid, dass Sie da sind. Sollten Stände mit Prospektmaterialien, Büchern oder Verkaufswaren aufgebaut sein, werden Sie sich dort etwas umsehen. Dann überlegen Sie eventuell, wo denn wohl die Toiletten sind, und laufen über die Gänge, bis Sie diese gefunden haben. Es ist noch ausreichend Zeit und Sie brauchen sich nicht zu beeilen. Irgendwie sind Sie ganz froh, dass Sie mit diesen Routinegängen etwas beschäftigt sind, denn es käme Ihnen vielleicht komisch vor, einfach so allein herumzusitzen. Nebenbei schauen Sie sich die Leute an, die so nach und nach hereinkommen, und versuchen herauszufinden, wer sympathisch oder eher unsympathisch auf Sie wirkt. Mit etwas Glück kommen Sie auch schon in ein Gespräch und so allmählich fühlen Sie sich sicherer. Sie haben die Zeit genutzt, um die Gegebenheiten kennen zu lernen und sich auf das bevorstehende Seminar einzustellen. Schließlich fängt es an und nach ein bis zwei Stunden ist die erste Pause. Sie wissen jetzt schon, wie man aus dem Gebäude heraus ins Grüne kommt, wo sich die Toiletten befinden, welche Bücher zum besprochenen Thema am Büchertisch zu finden sind, wer bei der Anmeldung sitzt und wo Ihr Platz ist. Alle Gegebenheiten sind Ihnen vertraut und Sie fühlen sich wohl. Entspannt und aufmerksam verfolgen Sie, was Ihnen der Referent vermitteln möchte.

In genau diese Stimmung und Sicherheit wollen wir den Hund bringen, bevor wir mit dem Training beginnen. Deshalb ist es so wichtig, dass er alles in Ruhe untersuchen und ansehen kann, bevor besondere Anforderungen an ihn gestellt werden. Die herumliegenden Leckerchen geben Ihnen Auskunft darüber, wie aufgeregt (oder eben nicht) Ihr Hund ist.

- Stürzt er in den Raum, läuft hektisch herum und sieht die Leckerchen gar nicht, ist er mit Sicherheit zu aufgeregt für ein konzentriertes Training.

- Kommt er mit einer geduckten Körperhaltung herein, schaut sich eher ängstlich um, nimmt die Leckerchen aber nicht, obgleich er sie sehr wohl gesehen hat, ist Ihr Hund noch viel zu wenig vertraut mit der Situation, als dass man jetzt noch neue, geschweige denn für ihn schwierige Reize hinzunehmen sollte. Mit anderen Worten: Jetzt macht ein Training wenig Sinn.

- Betritt Ihr Hund den Raum mit (halbwegs) entspannter Körperhaltung, schaut er sich in aller Ruhe um, findet schließlich die Leckerchen, frisst diese und schaut Sie mit einem Blick an, der in etwa sagt: „Tolle Sache hier! Gibt's noch mehr?", so wissen Sie, dass Sie nun bald mit dem Training beginnen können.

Die Frage ist nun, wie Sie sich in den oben beschriebenen Situationen verhalten. Im ersten Fall lassen Sie ihn gleich von der Leine, geben Sie ihm die Möglichkeit, herumzulaufen und seinem Bewegungsdrang nachzukommen. Gehen Sie mehrmals mit ihm raus ins Freie und wieder in den Raum, bis sich eine gewisse Routine für Ihren Hund einstellt und er ruhiger wird. Immer, wenn Sie reinkommen, liegen wieder irgendwo ein paar Leckerchen. Das bringt Ihren Hund in eine positiv gestimmte Erwartungshaltung für diesen Ort.

GANZ WICHTIG:

! Der Raum muss unbedingt frei von dem zu bearbeitenden Reiz sein. Mit anderen Worten: Fürchtet sich Ihr Hund vor Menschen, so sind in diesem Raum keine Menschen. Reagiert Ihr Hund ablehnend oder aggressiv auf andere Hunde, so sind in diesem Raum keine anderen Hunde usw.

Im zweiten Fall versuchen Sie, Ihrem Hund Ruhe, Zuversicht und Geborgenheit zu vermitteln. Zeigen Sie ihm, dass Sie für ihn da sind, diesen Ort als ungefährlich einstufen und dass es keinen Grund zur Beunruhigung gibt. Das heißt aber nicht, dass Sie ihn bemitleiden oder in hektische Aktivitäten verfallen sollen! Das würde Ihren Hund nur zusätzlich stressen. Bleiben Sie gelassen und ruhig und verlassen Sie den Raum mit ihm schon nach sehr kurzer Zeit wieder, damit Ihr Hund nicht den Eindruck bekommt: „Bin ich erst mal hier drin, gibt's kein Entkommen." Gehen Sie mehrfach kurz in den Raum, bei einem sehr ängstlichen Hund reicht es anfangs aus, ihn in den Raum hineinschauen zu lassen, um sich zu versichern, dass hier keine Gefahren lauern. Lassen Sie alle Ausgänge offen, sodass Ihr Hund das Gefühl hat, sich jederzeit zurückziehen zu können, wenn er dies möchte. Sollte er dies wollen, gibt Ihnen auch das wieder Auskunft über die momentane Gemütsverfassung Ihres Hundes. Nach mehreren Durchgängen werden Sie sehen, wie Ihr Hund immer vertrauter und sicherer mit dieser neuen Umgebung umgehen kann. Fangen Sie nun an, sich irgendwo mit ihm hinzusetzen, wo es nett und bequem ist. Wir haben in unserer Trainingshalle für diesen Fall mehrere Decken, Teppiche und Kuschelecken. Lassen Sie Ihrem Hund viel Zeit. Die Zeit, die Sie jetzt investieren, bringt Sie und Ihren Hund später umso schneller zum gewünschten Ziel.

Auch wenn der Hund im dritten beschriebenen Fall relativ gelassen mit dieser neuen Situation umgeht, sollten Sie auch ihm die Zeit geben, den Raum in aller Ruhe kennen zu lernen. Gehen Sie mehrfach rein und raus, lassen Sie ihn Leckerchen finden und vermitteln Sie ihm, wie nett es hier ist.

Für die Ausstattung des Raumes wäre es gut, wenn möglichst mehrere Gegenstände herumstehen oder -liegen würden, damit etwas da ist, das Ihr Hund untersuchen kann. Das können nicht nur Einrichtungsgegenstände wie Tische und Stühle sein, sondern auch Spielzeug, Kissen, Decken, Kartons oder Kisten. Sogar am Boden liegende, aufgespannte Regen- oder Sonnenschirme machen als Sichtschutz, hinter dem man sich ggf. verstecken kann, Sinn. Weshalb das alles? Denken Sie zurück an den weiter oben beschriebenen imaginären Seminarraum: Ist man in einer ungewohnten Umgebung, ist man froh, wenn man sich mit etwas beschäftigen kann. Ihrem Hund geht es genauso!

Außerdem ist es wichtig, dass der Raum groß genug ist. Wenn Sie mit Ihrem Hund an einem Reiz arbeiten wollen, der ihn ängstigt und/ oder aggressiv werden lässt, spielt die Einhaltung von Distanzen eine ganz wesentliche Rolle. Solange Ihr Hund das Gefühl hat, von dem „gefährlichen Ding" weit genug weg zu sein, fühlt er sich sicher und kann der Situation zumindest halbwegs gelassen begegnen.

Auch hier wieder ein Beispiel zur Verdeutlichung:

Stellen Sie sich vor, Sie wären mit einer Vogelspinne (oder, falls Sie große, dicke, schwarze, krabbelige Vogelspinnen lieben, mit einem giftigen Skorpion) in einem Raum und fürchteten sich vor diesem Tier. Was wäre in diesem Fall Ihre erste Reaktion, wenn es nicht möglich wäre, Distanz herzustellen, indem Sie den Raum einfach verlassen? Nun, Sie würden wohl zusehen, dass Sie sich innerhalb des Raumes in möglichst weiter Entfernung von ihm aufhalten. Beginnt das Tier, sich im Raum zu bewegen, so würden Sie dies sicher auch tun – in dem Bemühen, möglichst viel Distanz zwischen sich und die Vogelspinne (den Skorpion) zu bringen. Sie sind zwar sehr aufgeregt, wahrscheinlich geht Ihr Puls schneller als gewöhnlich, aber es geht. Das alles ist möglich, solange Sie sich frei bewegen können und der Raum groß genug ist. Aber nun stellen Sie sich vor, Sie würden mit dieser Vogelspinne (dem Skorpion) in eine Gästetoilette eingesperrt. Kein schöner Gedanke...! Deshalb ist es so wichtig, in Trainingssituationen Platz zum Ausweichen zu schaffen.

Natürlich können Sie mit dem Hund auch draußen arbeiten. Für die Vorbereitung des Trainingsgeländes gilt dann das Gleiche wie für die Vorbereitung des Raumes. Sorgen Sie für ausreichend viel Platz, lassen Sie Dinge herumstehen oder -liegen und schaffen Sie Rückzugsmöglichkeiten, die Ihr Hund nutzen kann, wenn es ihm zu viel wird.

Geben Sie dem Hund die Möglichkeit, den Raum zu erkunden. Wenn er alles untersucht hat, fühlt er sich sicherer.

ANGST, AGGRESSION UND STRESS

Für den Erfolg eines Trainingsprogramms bei Problemen mit übermäßig ängstlichem oder aggressivem Verhalten (das fast immer aus vorausgegangenen angstvollen Erfahrungen resultiert) ist das Arbeiten mit dem Hund auf einem möglichst niedrigen Stressniveau von entscheidender Bedeutung. Die Stressbelastung beeinflusst zum einen, ob und wie heftig der Hund in einer bestimmten Situation reagiert, und zum anderen, ob er dabei in der Lage ist, etwas zu lernen.

WAS VERSTEHT MAN UNTER STRESS?

Im medizinischen Sinne ist mit Stress in erster Linie ein bestimmter Körperzustand gemeint. In dem medizinischen Fachlexikon Pschyrembel (258. Auflage) findet man folgende Definition:

> „Stress (engl. Druck, Belastung, Spannung) meint einen Zustand des Organismus, der durch ein spezifisches Syndrom (erhöhte Sympathikusaktivität, vermehrte Ausschüttung von Katecholaminen, Blutdrucksteigerung u.a.) gekennzeichnet ist, jedoch durch verschiedenartige unspezifische Reize (Infektionen, Verletzungen, Verbrennungen, Strahleneinwirkung, aber auch Ärger, Freude, Leistungsdruck und andere Stressfaktoren) ausgelöst werden kann..."

Verschiedene Stressfaktoren, wie zum Beispiel Sinneseindrücke, die beim Hund Angst auslösen, oder innere Einflüsse, beispielsweise Schmerzen, führen zu einem spezifischen, veränderten Zustand des Organismus. Dabei wird ein bestimmter Teil des vegetativen, des unbewussten Nervensystems, der so genannte Sympathikus aktiviert und gleichzeitig werden Stresshormone (wie Katecholamine) ausgeschüttet. Stresshormone und Sympathikusaktivität beeinflussen lebenswichtige Körperfunktionen wie Herzschlag, Atmung und Blutdruck.

> „Unter Stress kann man auch die äußeren Einwirkungen selbst verstehen, an die der Körper nicht in genügender Weise adaptiert ist. Psychischer Stress entsteht in Folge einer Diskrepanz zwischen spezifischen Anforderungen und subjektivem Bewältigungsverhalten (coping)..." (Pschyrembel, 258. Auflage)

Unter Stress kann man also auch die Stress auslösenden Faktoren selbst verstehen. Man spricht ja auch häufig von „stressigen Situationen" im Alltag. Von entscheidender Bedeutung ist dabei, inwieweit der Organismus in der Lage ist, das Auftreten von Stressfaktoren zu kompensieren. Diese Fähigkeit bezeichnet man als „coping". Nach dieser Definition tritt Stress immer dann auf, wenn die Anforderungen an den Körper durch das Auftreten bestimmter äußerer oder innerer Einflüsse größer ist als die Möglichkeiten des Organismus, diese zu bewältigen. Mit anderen Worten entsteht Stress durch ein Übermaß von Stressfaktoren.

Die Fähigkeit eines Individuums zur Stressbewältigung ist abhängig von

- der Situation an sich,
- den bisherigen Erfahrungen mit ähnlichen Situationen (erlernte Komponente),
- genetischen Faktoren
- sowie von der bereits zuvor vorhandenen Stressbelastung.

Die Reaktion des Körpers auf Stressfaktoren, die auch als Stressoren bezeichnet werden, läuft in mehreren Phasen ab. Auf einen plötzlichen Reiz hin wird der Körper in Alarmbereitschaft versetzt. In Bruchteilen von Sekunden werden Energiereserven mobilisiert, der Kreislauf aktiviert und die Sinne geschärft. Man spricht von der **Alarmreaktionsphase**.

Besteht die Situation weiterhin, folgt die **Widerstandsphase**. Die Toleranz gegenüber dem auslösenden Reiz steigt. Dadurch nimmt die Stressreaktion auf diesen Auslöser ab. Gleichzeitig ist die Toleranz anderen Reizen gegenüber oft erniedrigt, das heißt, treten zusätzliche Stressreize auf, reagiert der Organismus verstärkt. Die Reizschwelle gegenüber weiteren Stressoren ist also erniedrigt. In der Praxis bedeutet dies, dass während des Trainings bei Angstproblemen die Reaktion auf den ursprünglichen Auslöser oftmals nachlässt, der Hund aber möglicherweise neue Ängste entwickelt. Relativ häufig kommt es zum Beispiel bei mangelnder Schussfestigkeit zu einer Generalisierung der Angst auf andere Geräusche, wie etwa das Donnern bei Gewitter.

Dauert die Stressbelastung an, folgt die **Erschöpfungsphase**. Der Körper ist nicht mehr in der Lage, die Einwirkungen zu kompensieren und wird dauerhaft in eine Alarmreaktionsphase versetzt. Wenn nun keine Erholungsphase folgt, sind negative Folgen wie physische oder psychische Störungen wahrscheinlich. Als Beispiele hierfür sind Magen- und Darmerkrankungen wie anhaltender Durchfall, Herz- und Kreislaufprobleme oder auch Ruhelosigkeit zu nennen.

Ein Beispiel aus dem Alltag:

Nehmen wir an, Sie haben einen Job in einer Fabrik angenommen. Sie kommen am ersten Arbeitstag in eine große Halle, in der viele Maschinen einen Höllenlärm verursachen. Sie fragen sich, wie Sie das aushalten sollen. Ihre neuen Kollegen machen Ihnen Mut und sagen: „Nach einiger Zeit hört man das gar nicht mehr." Tatsächlich gewöhnen Sie sich nach einiger Zeit an die vielen Geräusche und den Lärmpegel, es scheint Ihnen nicht mehr allzu viel auszumachen. Wenn Sie nach der Mittagspause die Halle betreten, dröhnt Ihnen der Lärm entgegen, aber schon nach wenigen Minuten blenden Sie ihn gedanklich einfach aus. Abends kommen Sie wie gewohnt nach Hause und ein Mitglied Ihrer Familie hört im Wohnzimmer Radio bei normaler Zimmerlautstärke. Sie registrieren das etwas genervt, versuchen, auch diese Geräuschkulisse auszublenden, was Ihnen aber nicht gelingt. Schließlich werden Sie wütend und pfeifen die Person an: „Was ist das nur *immer* für ein Lärm hier?! Kann man nicht *einmal* am Tag seine Ruhe haben?!" Sie werden erstaunt angesehen, denn besonders laut war das Radio nun wirklich nicht und früher haben Sie den Sender auch gern gehört...

In diesem Beispiel befinden Sie sich also bereits in der Widerstandsphase. Gelingt es Ihnen nicht, Ihren Stresspegel zu senken, können sich Krankheiten einstellen.

Ein weiteres Beispiel:

Ihr Hund hatte in der letzten Zeit viel Stress. Sie sind umgezogen, mussten wegen einer langwierigen Magen-Darm-Grippe häufig mit ihm zum Tierarzt, was für ihn immer mit großer Angst und viel Aufregung verbunden ist, und schließlich waren Sie noch mit ihm bei den Schwiegereltern, wo sich die ganze Familie getroffen hat. Nun sind Sie wieder zu Hause und treffen sich mit einer Nachbarin und deren Hund zu einem gemeinsamen Spaziergang. Normalerweise verstehen sich die Hunde gut, aber heute reagiert Ihr Hund äußerst gereizt, wenn ihm der andere bei den sonst so geliebten Renn- und Beutespielen zu nahe kommt und etwas schubst.

Auch Ihr Hund befindet sich bereits in der Widerstandsphase und braucht dringend Zeit zur Erholung, damit es nicht zu Krankheiten und/ oder Verhaltensauffälligkeiten kommt.

PHYSIOLOGIE DES STRESSES

Um die Vorgänge während der verschiedenen Stressphasen noch besser verstehen zu können, ist es notwendig, einen Blick auf die physiologischen Vorgänge unter Stresseinfluss zu werfen.

Wird ein Stressor über die Sinnesorgane wahrgenommen, reagiert der Körper mit der Aktivierung des so genannten Sympathikusnervs. Der Sympathikus ist ein Teil des vegetativen Nervensystems, welches nicht bewusst gesteuert werden kann. Der Sympathikus bewirkt, dass aus dem Nebennierenmark Adrenalin ausgeschüttet wird. Sympathikus und Adrenalin führen zu einer Kreislaufaktivierung, zur vermehrten Bereitstellung von Energie und zur Schärfung der Sinne. Dabei wird Unwichtiges im Gehirn ausgeblendet, damit die ganze Konzentration dem Stressauslöser gewidmet werden kann. In Bruchteilen von Sekunden wird durch diese unbewusst ablaufende Reaktion der Körper in eine optimale Leistungsbereitschaft versetzt, um bestmöglich auf die Stresssituation reagieren zu können. Dieser Zustand entspricht der Alarmreaktionsphase.

Hier liegt der biologische Sinn der Stressreaktion, denn das Alarmieren des Körpers durch die Stressreaktion und die damit verbundene Mobilisierung aller Kräfte entscheidet in der Natur über Leben und Tod. Nur in optimaler Leistungsbereitschaft kann es zum Beispiel einem Beutetier gelingen, seinem Jäger zu entkommen, oder umgekehrt dem Raubtier gelingen, erfolgreich zu jagen.

Die Sinneseindrücke werden im Gehirn verarbeitet. In der Folge werden vom Hypothalamus, einem Teil des Zwischenhirns, Botenstoffe freigesetzt, die auf die Hirnanhangdrüse, die so genannte Hypophyse, wirken. Daraufhin setzt die Hypophyse einen weiteren Botenstoff frei. Das in der Alarmreaktionsphase freigesetzte Adrenalin wirkt ebenfalls auf die Hypophyse, sodass vermehrt Botenstoffe in den Blutkreislauf abgegeben werden. Dieser Botenstoff, das ACTH, veranlasst die Nebennierenrinde, verschiedene Hormone, nämlich Aldosteron, Cortisol und Sexualhormone auszuschütten.

Aldosteron steuert den Wasserhaushalt im Körper und ist dafür verantwortlich, dass unter Stress häufiger Urin und/ oder Kot abgesetzt werden als sonst. Wundern Sie sich also nicht, wenn Ihr Hund, kaum dass er den Trainingsplatz betreten hat, Kot absetzen muss oder pieselt. Das ist ganz normal und ein guter Trainer sollte das auch wissen und nicht das angeblich dominante Verhalten Ihres Hundes kritisieren. Lassen Sie Ihren Hund also unbedingt pieseln oder koten, wenn er dies muss. Umso schneller wird er sich entspannen können. Denken Sie an sich selbst – ist es nicht stressig, „wenn man mal muss" und keine Toilette finden kann?!

Cortisol hat vor allem eine entzündungshemmende Wirkung und ist bei starker körperlicher Belastung von großer Bedeutung. Durch die Ausschüttung von Sexualhormonen wird die Aggressions- und Verteidigungsbereitschaft verstärkt. Auch das ist wichtig für Sie zu wissen. Bedenken Sie: Je stärker Ihr Hund gestresst ist, desto höher ist seine Abwehrbereitschaft.

Unter Stresseinfluss steigen also die Spiegel von Adrenalin, Aldosteron und Cortisol im Blut an. Deshalb bezeichnet man sie auch als Stresshormone. Diese erhöhten Spiegel haben gleichzeitig einen hemmenden Effekt auf den Hypothalamus und die Hypophyse, sodass dort die Freisetzung der Botenstoffe reduziert wird, was dann eine verringerte Ausschüttung der Stresshormone aus der Nebennierenrinde zur Folge hat. Durch diese so genannte negative Rückkoppelung wird sichergestellt, dass unter normalen Umständen nach dem Stressereignis die frei zirkulierenden Hormonmengen wieder auf ein normales Maß gedrosselt werden. Probleme entstehen dann, wenn Stressreize häufig oder lang anhaltend auf den Organismus einwirken, denn das führt schnell zu dauerhaft erhöhten Hormonspiegeln. Dies gilt insbesondere dann, wenn zwischen den einzelnen Stresseinflüssen nicht genug Zeit für Ruhephasen liegt. Wie lang diese Ruhephasen sein müssen, ehe sich der Pegel der Stresshormone wieder auf ein normales Niveau reguliert hat, ist individuell sehr verschieden und hängt von den Bewältigungs- und Ausgleichsmöglichkeiten des Organismus genauso ab wie von der Heftigkeit des Erlebnisses. So kann es nach stark belastenden Erlebnissen, wie zum Beispiel einer ernsten Beißerei unter Hunden, mehrere Tage dauern, bis die Stressreaktion abgeklungen ist. Sind die Ruhephasen zu kurz, das normale Niveau an Stresshormonen also noch nicht wieder erreicht, führt das nächste Stresserlebnis zu einer noch höheren Belastung des Körpers mit Stresshormonen, weil sich die erneute Ausschüttung zu den noch vorhandenen erhöhten Hormonspiegeln addiert. In der nebenstehenden Grafik ist der Anstieg der Stresshormone durch aufeinander folgende Stressereignisse schematisch dargestellt.

Dies ist einer von mehreren Gründen, weshalb Sie niemals einem Training zustimmen sollten, das mit Reizüberflutung arbeitet! Dabei wird Ihr Hund so stark belastet, dass er keine Bewältigungsstrategien mehr zur Verfügung hat, wodurch seine Abwehrbereitschaft enorm steigt und er Reize nicht mehr adäquat verarbeiten kann. Das Arbeiten über Reizüberflutung zieht deshalb immer neue, meist noch schlimmere Verhaltensprobleme wie extreme Ängstlichkeit oder Aggressivität nach sich.

Die ständig ansteigenden Stresshormone führen je nach Veranlagung und Situation entweder in die Erschöpfungsphase oder durch die stark erniedrigte Reizschwelle zu Überreaktionen, zu ängstlichem oder aggressivem Verhalten.

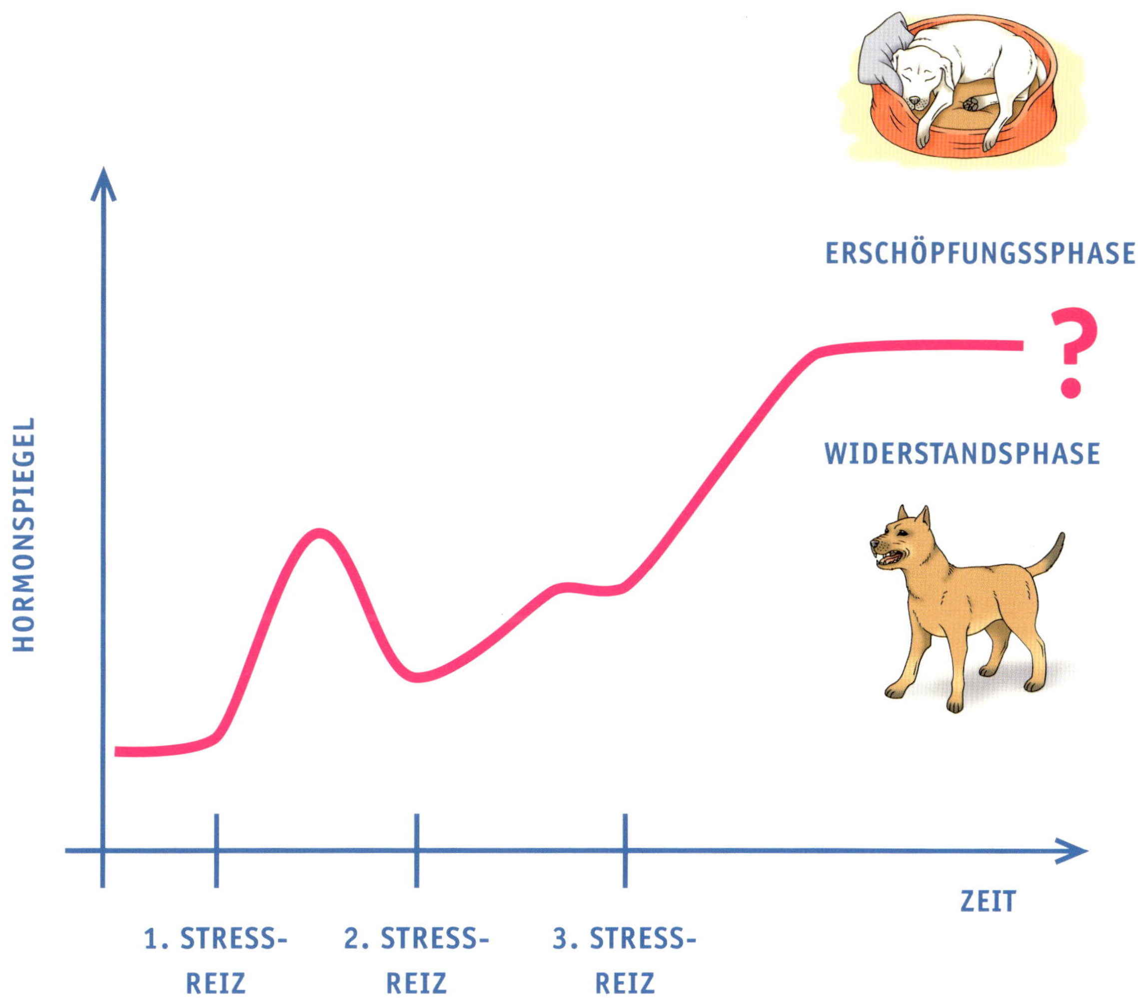

Durch den erhöhten Cortisolspiegel im Blut wird das Immunsystem gehemmt und es kann häufiger zu Infektionskrankheiten kommen. Auch die andauernde Kreislaufaktivierung bleibt meist nicht ohne schädliche Folgen. Herz-Kreislauf-Erkrankungen sowie Magen-Darm-Erkrankungen sind häufig die Folge. Man spricht dann von so genannten Anpassungskrankheiten. Lang anhaltender Stress kann auch zur erhöhten Ausschüttung von Sexualhormonen führen. Hier ist in erster Linie das männliche Sexualhormon Testosteron zu nennen. Verschiedene Studien an Tieren zeigen, dass erhöhte Testosteronspiegel mit verstärktem Aggressionsverhalten einhergehen. Somit beeinflusst das Stressniveau die Aggressionsbereitschaft.

IST MEIN HUND GESTRESST?

Sie werden sich jetzt vielleicht fragen, woran man erkennen kann, ob der eigene Hund gestresst ist. Die Anzeichen für eine erhöhte Stressbelastung sind vielfältig und ausführlich in unserem Buch „Stress bei Hunden“ beschrieben. Es gibt körperliche Symptome wie Fellveränderungen, plötzlich auftretender Haarausfall, Schuppenbildung, unangenehmer Geruch des Hundes, das erstmalige Auftreten oder die Verschlimmerung von bestehenden Allergien, Appetitlosigkeit, Magen- und Darmproblemen, Herz- und Kreislaufbeschwerden und andere mehr. Auch bestimmte Verhaltensweisen können auf Stress hindeuten. Übertriebene Körperpflege bis hin zum Wundlecken ist ein deutliches Zeichen für Stress und häufig bei Hunden im Tierheim oder auch bei Tieren im Zoo zu beobachten. Das Zerstören von Gegenständen, Dauerbellen oder anhaltendes Winseln sind meist die Folge von Trennungsangst. Aufreiten oder in die Leine beißen treten oftmals als Reaktion auf Überforderung des Hundes auf. Zeigt der Hund in bestimmten Situationen gehäuft Beschwichtigungssignale wie Blinzeln, Schnüffeln, über den Fang lecken, Kopf abwenden, bewegt er sich betont langsam oder erstarrt er sogar in seiner Bewegung, so ist dies zumindest ein Anzeichen dafür, dass der Hund sich in dieser Situation unwohl oder bedroht fühlt, denn ohne Grund beschwichtigt ein Hund nicht. Dies kann in der Folge zu einer erhöhten Stressbelastung führen. Wie bereits erwähnt, geht Stress mit einer erniedrigten Reizschwelle einher. Das heißt, der Hund reagiert auf Reize, die er sonst vielleicht gar nicht beachtet, auf einmal ängstlich oder aggressiv. Ein Hund, der plötzlich Angst vor zum Beispiel einem Kinderwagen hat ohne schlechte Erfahrungen mit einem solchen gemacht zu haben, hat wahrscheinlich ein Stressproblem. Auch das verstärkte Reagieren in bereits bekannten Problemsituationen oder generelle Nervosität und Unruhe sind auf die bei Stress erniedrigte Reizschwelle zurückzuführen und somit als Anzeichen für Überlastung zu betrachten. Schaltet ein Hund plötzlich um, geht sein Temperament sozusagen sofort von null auf hundert mit ihm durch, zeigt er damit ein typisches, durch Stress bedingtes Verhalten.

So wie auf dieser Grafik dargestellt würde ein Hund normalerweise auf einen bedrohlichen Reiz reagieren. Viele Hunde haben jedoch die Erfahrung gemacht, dass das Zeigen von Beschwichtigungssignalen keinen Erfolg verspricht, weil auf sie nicht reagiert wurde. Diese Hunde werden nun mehrere Stufen auf der Treppe überspringen, um mit Abwehraktivitäten das bedrohliche Gegenüber zurückzudrängen.

Im Training soll der Hund lernen, dass seine Signale jetzt verstanden und beachtet werden; es sich also „lohnt“ zu beschwichtigen.

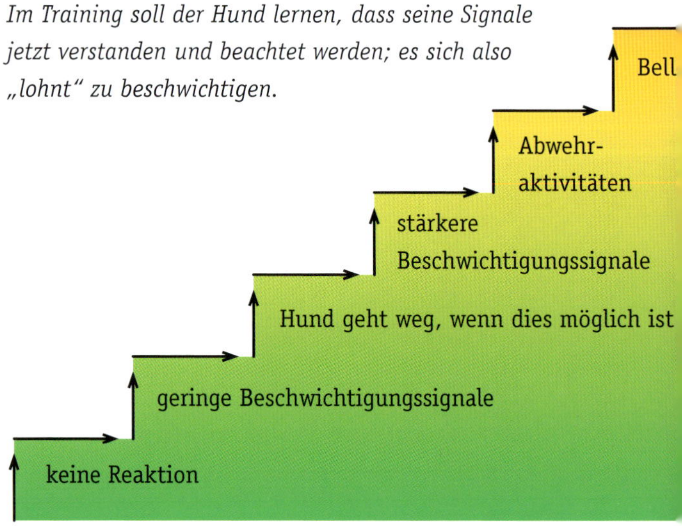

Wo aber ist die Grenze zwischen normalem Verhalten und Überreaktion? Diese Frage ist nicht leicht zu beantworten, denn was für ein Verhalten ein Hund zeigt, hängt nicht nur von der Stressbelastung ab, sondern auch von den bereits gemachten Erfahrungen mit einer bestimmten Situation. Auch die individuelle Veranlagung spielt eine Rolle, manche Hunde reagieren schnell ängstlich oder aggressiv, wogegen andere ein eher „dickes Fell“ besitzen. Die obenstehende Grafik zeigt mögliche Reaktionen in Situationen, die vom Hund als beunruhigend oder bedrohlich wahrgenommen werden.

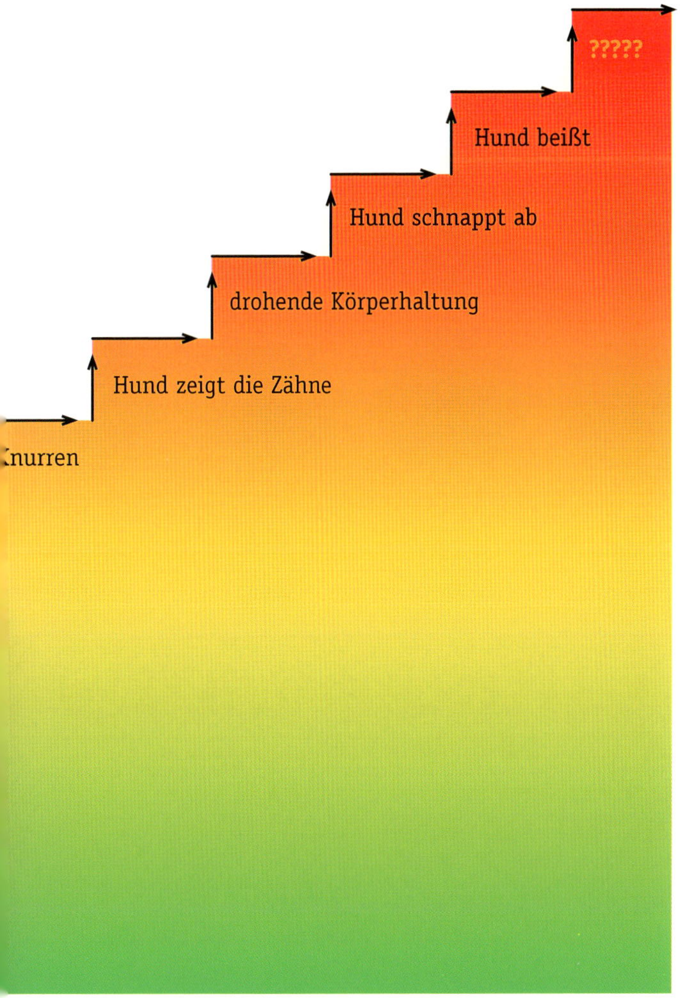

Begegnen sich zwei Hunde, die nicht durch negative Erlebnisse vorbelastet sind, werden wahrscheinlich schwächere Beschwichtigungssignale wie Blinzeln oder über den Fang lecken gezeigt. Nähert sich ein Hund sehr schnell oder empfindet einer die Situation als bedrohlich, kommen stärkere Beschwichtigungssignale, zum Beispiel das Abwenden des Körpers, zum Einsatz. Reagiert der sich nähernde Hund nicht, wird der andere über Abwehrsignale versuchen, den Abstand zu wahren. Dies kann von kurzem Zeigen der Zähne bis hin zu Knurren und deutlichem Zähnefletschen gehen. Der Hund wechselt sozusagen mit seinem Verhalten vom grünen in den gelben Bereich. Werden die Abwehrsignale nicht beachtet, kann es zur Eskalation kommen und der Hund wird abschnappen, schnappen oder bei ernsthafter Bedrohung auch beißen.

Bei einer Auseinandersetzung ohne die Absicht, den Gegner ernsthaft zu verletzen, spricht man von ritualisiertem Aggressionsverhalten oder auch einem Kommentkampf. Dagegen bezeichnet man den auf der Leiter rot dargestellten Bereich mit Bissen, die zu erheblichen Verletzungen oder sogar zum Tod des Gegners führen, als Ernstkampf. Die „Eskalationsleiter" beginnt also mit normaler Kommunikation im grünen Bereich, mit Beschwichtigungssignalen. Werden diese nicht beachtet oder dauert die Situation unverändert an, wird der Hund in einigen Situationen zu stärkeren Mitteln greifen, Abwehrsignale zeigen (gelber Bereich) und zunächst knurren oder vielleicht abschnappen. Hält die Bedrohung dennoch an und ist eine bestimmte Distanz, in der sich der Hund noch einigermaßen sicher fühlt, bereits unterschritten, kann die Situation eskalieren und der Hund beißt wirklich zu (roter Bereich).

Wie ein Hund in einer bestimmten Situation reagiert, hängt – wie schon erwähnt – von der Veranlagung, von der Stressbelastung und von bereits vorhandenen Erfahrungen ab. Weist ein Hund einen hohen Stresspegel auf, wird er beispielsweise bei einer Hundebegegnung, statt Beschwichtigungssignale zu zeigen, sofort knurren oder die Zähne zeigen. Er steigt sozusagen an anderer, höherer Stelle in die Eskalationsleiter ein. Ist die Belastung sehr hoch oder kommen schlechte Erfahrungen hinzu, kann es auch passieren, dass ein Hund nach einem anderen schnappt, ohne zuvor Abwehrsignale zu zeigen.

BEDEUTUNG FÜR DIE PRAXIS

Versuchen Sie, das Verhalten des eigenen Hundes anhand der beschriebenen Eskalationsleiter für aggressives Verhalten einzuordnen. Im Prinzip gilt das gleiche Schema auch für ängstliches Verhalten, denn hat ein Hund Angst vor einer bestimmten Situation und nicht die Möglichkeit, sich durch Flucht zu entziehen, zum Beispiel, weil er mit kurzer Leine geführt wird, während sich etwas Bedrohliches nähert, wird er ebenfalls so reagieren, wie in der Eskalationsleiter beschrieben. Letztendlich lassen sich die allermeisten aggressiven Auseinandersetzungen auf Angst zurückführen, denn ein souveräner Hund, der sich nicht bedroht fühlt, hat keine Veranlassung, sich aggressiv zu verhalten.

Überreaktionen, also der Situation nicht angemessene Verhaltensweisen, können ein Zeichen für eine hohe Stressbelastung sein. Wichtig in diesem Zusammenhang ist, dass nicht nur an sich belastende Erlebnisse wie Krankheiten, Schmerzen, Beißereien, Hektik und Aggression im Alltag und Ähnliches mehr, sondern auch schöne Erlebnisse, die dem Hund Spaß machen, im Übermaß zu Stress führen können. Besonders Spiele und Aktivitäten, die mit Rennen und Hinterherhetzen verbunden sind, wie Ball, Stöckchen oder Frisbee werfen, können zu Stress führen, denn hierbei wird besonders viel Adrenalin ausgeschüttet. Wahrscheinlich ist es genau dieser „Adrenalin-Kick“, der derartige Spiele für den Hund so attraktiv macht. Betrachtet man Freizeitaktivitäten des Menschen wie Bungeejumping oder River Rafting, ist es auch hier der „Adrenalin-Kick“, der das Besondere dabei ausmacht.

Außerdem ist zu beachten, dass in Zusammenhang mit Stress bedingten Reaktionen das gezeigte Verhalten nicht unbedingt etwas mit der eigentlichen Ursache zu tun haben muss. Zeigt sich zum Beispiel ein Hund bei Begegnungen mit Artgenossen aggressiv, weil er durch dreimal wöchentliches Agility-Training überfordert ist, kann ein entsprechendes Verhaltenstraining mit anderen Hunden allein nicht zum Erfolg führen, denn das gezeigte aggressive Verhalten ist nur das Symptom für eine Stressbelastung anderer Ursache. Es kann das Problem vielleicht verringern, aber nicht lösen, genauso wie man Zahnschmerzen mit einer Schmerztablette nur lindern, aber nicht heilen kann. Hier gilt es oft regelrechte Detektivarbeit zu leisten, um die wirkliche Ursache eines Problems herauszufinden, damit dann gezielt daran gearbeitet werden kann (vergleiche auch „Ursachen finden, statt Symptome zu bekämpfen“).

URSACHEN FINDEN, STATT SYMPTOME ZU BEKÄMPFEN

PRAXISTIPP:

Hilfreich bei der Beurteilung von Stressbelastungen einzelner Situationen kann das Pulsmessen beim Hund sein. Nachdem Stress zu einer Kreislaufaktivierung führt, macht sich dies durch einen erhöhten Puls bemerkbar. Den Puls kann man beim Hund zum Beispiel an der Oberschenkelinnenseite messen. Versuchen Sie es in einer ruhigen Minute, wenn der Hund wirklich entspannt ist. So erhalten Sie den Ruhepuls. Messen Sie diesen Ruhepuls dreimal und notieren Sie die Zahlen. Weichen diese nicht stark voneinander ab, so können Sie davon ausgehen, dass die Summe dieser Zahlen geteilt durch drei den normalen Mittelwert des Ruhepulses Ihres Hundes angibt. Vergleichen Sie diesen Wert mit dem Puls bei einem normalen Spaziergang und bei körperlicher Anstrengung und/ oder emotionaler Belastung. So bekommen Sie schnell ein Gefühl dafür, wie anstrengend oder belastend eine Situation für Ihren Hund ist.

Beispiel: Während der Trainerausbildung bei Turid Rugaas bestand eine Hausaufgabe darin, den Puls des eigenen Hundes in verschiedenen Lebenssituationen zu messen. Eine der Teilnehmerinnen maß bei ihrem Dalmatinerrüden einen Ruhepuls von etwa 45 bis 50 Schlägen pro Minute. Damals trainierten sie und ihr Hund noch regelmäßig in einem Verein Turnierhundesport und Obedience. Da die Frau selbst Trainerin in dem Verein war, ergab es sich oft, dass ihr Rüde im Auto wartete, während sie mit den Hunden anderer Vereinsmitglieder trainierte, denn er kam meist erst zum Schluss dran. In einer Pause holte sie ihn zum Spaziergang aus dem Auto und zählte zunächst seine Pulsschläge. Das Ergebnis war 130 (!), also etwa das Dreifache seines Ruhepulses. Dies zeigte ihr sehr deutlich, wie belastend dieses Warten für Ihren Hund war – und das war einer der Gründe, weshalb sie mit dem Hundesport aufhörte.

Bevor Sie mit dem praktischen Arbeiten beginnen, müssen Sie unbedingt die URSACHEN für das unerwünschte Verhalten finden, denn sonst können Sie kein gutes Trainingsprogramm erstellen. Dies klingt für Sie sicher logisch, ist aber keinesfalls die Regel.

Ein Beispiel soll erklären, was gemeint ist.

Eine junge Frau hat eine Minibullterrierhündin, die sich deutlich aggressiv gegen andere Hunde verhält. Es spielt dabei keine Rolle, ob diese Hunde groß oder klein, jung oder alt, männlich oder weiblich sind. Sobald sie einen anderen Hund sieht, flippt sie regelrecht aus und fällt in aggressive Verhaltensweisen. Die Frau sucht mehrere Hundeschulen auf. In der ersten wird ihr gesagt, dies sei ein ganz typisches Verhalten für diese Rasse und da könne man nichts machen, die seien nun mal so. Am besten sei es, wenn sie allen anderen Hunden aus dem Weg gehe.

Die Frau gibt sich damit nicht zufrieden und besucht einen Hundepsychologen. Der „erkennt" sofort, dass es sich um eine „total dominante" Hündin handelt, die erst mal richtig erzogen werden müsse. Lola werden nun alle Privilegien im Haushalt gestrichen – sie darf nicht mehr, wie bisher, in ihrer Lieblingsecke auf dem Sofa liegen, ihr Körbchen wird vom Schlafzimmer auf den Flur gestellt, gefüttert wird sie erst, wenn Herrchen und Frauchen gegessen haben, sie darf keine Spiele mehr mit Frauchen beginnen und wird mehrfach täglich für mehrere Stunden vollkommen ignoriert. Bei Spaziergängen wird sie nun am Kettenwürger geführt, alle Kommandos werden gebrüllt. Werden sie nicht sofort ausgeführt, wird Lola mit Alpha-Wurf auf den Rücken geschmissen und angeschrien oder bekommt einen scharfen Leinenruck. Der Frau widerstrebt das alles zwar, aber der Trainer versichert ihr, dass dies die einzige Möglichkeit sei, den Hund zu retten, da er sonst bald nicht mehr zu halten sei und eine Gefahr für andere Hunde und auch Kinder darstelle. Die Frau ist zwar verunsichert, da Lola Kinder liebt und ihnen noch nie etwas getan hat, hält sich aber an das Programm, weil sie Angst hat, ihren Hund sonst zu verlieren. Lolas Verhalten verschlimmert sich. Sobald sie einen anderen Hund auch nur aus der Ferne sieht, sträubt sie das Nackenfell und knurrt gewaltig. Der Trainer sagt, der Hund sei eben schon verdorben und da könne man nichts mehr tun - die Frau müsse damit leben oder den Hund einschläfern - auch wenn das schwer fiele.

Von dieser Auskunft ziemlich frustriert, versucht die Frau, in einer anderen Hundeschule Hilfe zu finden. Der dortige Trainer ist sehr verständnisvoll, stellt allerlei Fragen über die Hündin und Ihr Verhalten, stuft sie als dominant ein und empfiehlt dann folgendes Training:

- Der Einsatz der Disc-Scheiben nach John Fisher. Hierbei geht es darum, den Hund über Frustration darauf zu konditionieren, dass er bei Ertönen des Schepperns dieser Scheiben sein zu diesem Zeitpunkt gezeigtes Verhalten abbricht.
- Immer wieder Hundebegegnungen üben, bis es schließlich klappt.
- Lola soll ein Halti (Kopfhalfter für Hunde) tragen, damit sie besser zu kontrollieren ist. Wenn sie einen Hund sieht und sich aufregt, soll die Frau ihr einfach über das Halti den Kopf so wegdrehen, dass der Blickkontakt unterbrochen ist. Dann brauche sie sich erstens nicht mehr so aufzuregen, weil sie den Hund ja nicht mehr direkt anschaut, und zeige dem anderen auch praktischerweise gleich ein Beschwichtigungssignal.

Die Frau hält sich genau an die Anweisungen und Lolas Verhalten wird immer schlimmer. Außerdem muss sie auffallend oft erbrechen und hat ständig mit Durchfall zu kämpfen. Der aufgesuchte Tierarzt kann keine organischen Probleme feststellen und sagt der Frau, sie habe eben ein „Montagsmodell" erwischt, das sei Pech.

Analysieren wir die Geschichte bis hierhin: Wie sich aus der Befragung ergab, wurde die Hündin im Alter von 6, 7 und 9 Monaten jeweils von anderen Hunden überfallen und gebissen. Die Wunden waren jedes Mal so heftig, dass der Tierarzt aufgesucht werden musste, zweimal musste auch genäht werden. Vor diesen Ereignissen war Lola vollkommen sozialverträglich mit anderen Hunden gewesen, danach begannen die Probleme. Dies hatte die Frau den Trainern auch genau so erzählt, trotzdem wurde die Hündin nicht als angstaggressiv, sondern als dominant eingestuft. Der Grund hierfür war, dass Lola das Fell sträubte und die Rute nach oben hielt - ein Verhalten, das man häufig bei unsicheren, ängstlichen Hunden sieht, die versuchen, den Gegner durch diese Körpersignale zu beeindrucken, im Grunde aber nur Angst haben.

Die Frau zog Lola nun immer öfter von anderen Hunden weg, wurde dabei auch hektisch und - falls Lola nicht gleich mitging - zornig, weil sie mit der Situation überfordert war und Angst vor Beißereien hatte. Nun ist es so, dass Hunde über Verknüpfung lernen, sie stellen eine gedankliche Verbindung zwischen den Dingen her, die gerade passieren. Lola verknüpfte also: Wenn ich andere Hunde sehe und eh schon Angst habe, wird Frauchen hektisch, ärgerlich und wir flüchten, so schnell es geht.

Dann besuchte die Frau die erste Hundeschule. Die Trainerin dort machte sich nicht einmal die Mühe, die Hündin gründlich zu analysieren, sondern stempelte sie gleich auf Grund der Rassenzugehörigkeit als aggressiv ab. Rassendiskriminierung auf hündisch, mehr kann man dazu wohl nicht sagen.

Auch der Hundepsychologe erkannte nicht Lolas Angst und stellte ein „Verhaltenstraining" zusammen, das das Verhalten der Hündin verschlimmerte. Kein Wunder. Dem Hund wurde wieder Dominanz unterstellt und deshalb wurden Privilegien gestrichen. Auf einmal durfte Lola nicht mehr auf dem Sofa kuscheln, wurde aus dem Schlafzimmer verbannt, ihre Menschen verhielten sich plötzlich vollkommen anders als bisher und deutlich ablehnender. Wie sollte der Hund das verstehen? Lola war nie dominant gewesen, schon gar nicht ihren Besitzern gegenüber, und wurde nun vollkommen verunsichert. Es wurde eine geradezu unsinnige Strenge ihr gegenüber an den Tag gelegt und was immer sie tat, wurde möglichst so ausgelegt, dass es die ursprüngliche „Diagnose" Dominanzproblem untermauerte. Legte sie Frauchen die Pfote auf das Knie, weil sie gestreichelt werden wollte, war sie dominant und wollte Frauchen zum Schmusen zwingen. Brachte sie einen Ball und legte ihn auffordernd vor Herrchens Füße, wollte sie den ja nur über das Spiel dominieren. Weinte sie nachts in ihrem Körbchen, weil sie nicht verstand, warum sie nicht mehr im Schlafzimmer bei ihren Menschen sein durfte, wollte sie angeblich nur Aufmerksamkeit erzwingen, weshalb es umso wichtiger war, sie bloß nicht zu beachten. Traf sie schließlich auf andere Hunde und knurrte sie diese aus Angst an, wurden ihr von ihrer wichtigsten Bezugsperson nicht Verständnis und Schutz, sondern Strenge und Leinenruck entgegengebracht. Dieser Hund war wirklich durch die Hölle gegangen.

Nun trat der dritte Trainer in Lolas Leben, verunsicherte sie zusätzlich durch das Training mit den Disc-Scheiben (...welches Verhalten genau sollte der Hund denn abbrechen? Angst zu haben?) und arbeitete mit einer Art Reizüberflutung (...immer wieder üben, bis es schließlich klappt). Der Hund kam von seinem Stresslevel überhaupt nicht mehr runter. Schließlich wurde Lola ein Halti aufgesetzt, mit dem ihr jedes Mal der Kopf abgedreht wurde, wenn sie andere Hunde sah. Was bedeutete das für den Hund? Erinnern Sie sich noch an die Beschreibung mit den Vogelspinnen oder Skorpionen, mit denen Sie in einem Raum sein müssen? Nun stellen Sie sich vor, Sie sind mit einem dieser Tiere, das Ihnen große Angst macht, in einem Raum. Eben weil Sie Angst haben, möchten Sie natürlich beobachten können, wo und vor allem in welcher Distanz von Ihnen sich dieses „Untier" bewegt. Kommt es vielleicht immer näher? Sieht es gefährlich aus? Wird es gleich angreifen? Wie viel Abstand ist noch zwischen Ihnen und dem Skorpion? Sind Sie noch halbwegs sicher? Ihr Blutdruck steigt, Sie schwitzen, Ihr Herz klopft wie verrückt – und jetzt dreht Ihnen jemand den Kopf zur Seite und sagt: „Wenn du das Tier nicht siehst, brauchst du dich auch nicht aufzuregen." Würden Sie ihm das glauben? Würden Sie sich sicher fühlen? Oder würden Sie nun vollständig wahnsinnig vor Angst, weil Sie nicht einmal mehr sehen könnten, wo sich das Tier befindet, ob es Sie fixiert, gleich zum Sprung ansetzt oder ob Sie noch halbwegs sicher sind, weil noch genug Distanz zwischen Ihnen und ihm besteht?! Wenn Sie diese Zeilen lesen, haben Sie das Gefühl, es sei schrecklich, so einer Situation ausgesetzt zu sein? Ja, das ist es. Und genau das war Lola passiert. Viele Male.

Die Behauptung des Trainers, Lola zeige praktischerweise auch gleich Beschwichtigungssignale, ist absurd. Ein Hund weiß anhand von Körpersprache, Mimik, Ausdrucksverhalten usw. ganz genau, ob ihm ein anderer Hund Beschwichtigungssignale sendet oder ob dem der Kopf zur Seite gedreht wird. Das Zeigen der Signale spiegelt die Gefühlswelt des Hundes wider – so etwas kann man nicht erzwingen oder tricksen!

Bedenkt man dann noch die Summe all dieser „Erziehungsversuche" kann man sich leicht ausmalen, dass dieser Hund sehr unglücklich und gestresst gewesen ist und es somit kein Wunder war, dass sich Erkrankungen einstellten, für die man keine organische Ursache finden konnte.

Falls Sie sich fragen, was aus Lola geworden ist: Sie lebt noch immer bei ihrer Familie. Sie schläft wieder in ihrer Kuschelecke auf dem Sofa oder im Körbchen im Schlafzimmer, sie darf ihre Menschen wieder zum Spielen oder Streicheln auffordern und trägt jetzt ein Brustgeschirr statt eines Kettenwürgers. Ihr Training läuft seit etwa einem Jahr und hat bisher folgende Ergebnisse gebracht: Lola geht vollkommen problemlos an anderen Hunden vorbei, wenn diese eine Distanz von ca. einem Meter nicht unterschreiten. Somit kann sie auch wieder mit in den Ortsbereich genommen werden, was vorher nicht möglich war. Herrchen und Frauchen haben gelernt, wie sie ihr Schutz und Sicherheit geben, wenn sie sich fürchtet. In den ersten sechs Monaten des Trainings (die Beschreibung einzelner Trainingselemente finden Sie im Kapitel „Übungen") wurden alle direkten Hundekontakte vermieden. Als Lola sich dann ausreichend erholt hatte, ein Anti-Stress-Programm durchlaufen hatte, die Magen-Darm-Probleme verschwunden waren und sie sich wieder sicher mit ihren Menschen fühlte, wurden erste Kontakte zu fremden Hunden hergestellt. Natürlich wurde darauf geachtet, dass es sich hierbei um ganz besonders ausgeglichene und freundliche „Exemplare" handelte, die auf Lolas anfängliche Unsicherheit und das daraus resultierende Knurren nicht reagierten. Nach wie vor braucht Lola viel Zeit, um sich auf fremde Hunde einzustellen. Aber sie hat gelernt, wieder Vertrauen zu fassen, und es haben sich ein paar Hundefreundschaften ergeben. Mit diesen Freunden macht sie regelmäßig Spaziergänge und spielt und tobt dabei ausgelassen und fröhlich. Kommen fremde Hunde entgegen, geht sie mit ihrer Besitzerin in einem großen Bogen um diese herum und stößt wieder zur Gruppe, wenn diese vorbeigegangen sind. Hierfür muss sie nicht einmal angeleint werden, sie geht ganz selbstverständlich mit, wenn Frauchen freundlich auffordernd „Lola, Bogen laufen" ruft. Mit Kindern ist sie so liebevoll und freundlich, wie sie es immer schon war.

FÜHREN SIE EIN TRAININGSTAGEBUCH!

Wenn Sie mit Ihrem Hund arbeiten, sollten Sie unbedingt ein Trainingstagebuch führen. Notieren Sie darin alle Trainingsschritte und wichtigen Ereignisse. Vergessen Sie Wochentag, Datum und Uhrzeit nicht. Beim Lesen der über Tage, Wochen oder auch Monate gemachten Notizen können Sie wertvolle Informationen sammeln, die Ihnen sonst vielleicht entgangen wären. Bitten Sie Ihren Trainer, alle Übungen genau mit Ihnen durchzugehen und gemeinsam in das Trainingstagebuch einzutragen. So können Sie zu Hause alles noch einmal durchlesen und sich umso genauer an die Anweisungen halten.

Auch hierzu wieder einige Beispiele aus der Praxis:

Eine Schäferhündin war nach dem Umzug ihrer Besitzerin in die neue Wohnung deutlich verstört. Die sonst selbstbewusste und aufgeschlossene Hündin wurde ängstlich und misstrauisch gegenüber fremden Personen, wollte nicht mehr allein zu Hause bleiben, zerstörte dann Einrichtungsgegenstände und urinierte und kotete plötzlich wieder in die Wohnung, was sie seit der Welpenzeit nicht mehr getan hatte. Der aufgesuchte Tierarzt bestätigte zwar die Verhaltensänderung, fand aber keine Erklärung. Beim Durchlesen des Trainingstagebuches fiel auf, dass das Problem mit der mangelnden Stubenreinheit meistens mittwochs auftrat. An einem Mittwoch wurde eine Kamera installiert, bevor die Frau das Haus verließ. Bei der anschließenden Auswertung der Aufnahmen wurde klar, was los war. Die Frau war in die neue Wohnung gezogen, weil sie sich von ihrem Freund getrennt hatte. Dieser wusste, dass sie mittwochs immer von 8.00 bis 12.00 Uhr außer Haus war. Um sich an seiner Exfreundin zu rächen, erschreckte er die Hündin ganz bewusst, indem er mit afrikanischen Tanzmasken, wild gestikulierend und laut brüllend auf der Terrasse herumtobte. Die Hündin, die den Mann schon immer gefürchtet hatte (was ein Grund für die Trennung war), hatte panische Angst und reagierte deshalb entsprechend.

Ein Mann trainierte mit seinem Hund in einer Hundeschule, weil dieser unkontrolliert jagte und praktisch nicht mehr von der Leine zu lassen war. Nach einigen Wochen des Trainings beschwerte sich der Mann bei der Trainerin, dass sich an dem Verhalten des Hundes noch gar nichts geändert hätte und auch immer nur das Gleiche trainiert würde, ohne zum Erfolg zu führen. Die Trainerin blätterte daraufhin das Trainingstagebuch des Rüden durch und zeigte dem Mann anhand seiner eigenen Notizen, welche Fortschritte der Hund bereits gemacht hatte und wie viele Trainingselemente schon besprochen und geübt wurden. Der Mann gab kleinlaut zu, dass er in seiner Ungeduld all die vielen kleinen Fortschritte, die sein Hund bereits gemacht hatte, übersehen hatte. Er war mit sich, seinem Hund und seiner Trainerin (!) jetzt viel zufriedener.

Ein Ehepaar kam mit einem jungen Labrador in die Hundeschule. Leider konnten nicht immer beide zum Training kommen. Durch die Aufzeichnungen des Trainers im Tagebuch konnte zu Hause schnell und sicher nachgelernt werden.

Abgesehen von diesen praktischen Aspekten ist das Führen eines Trainingstagebuches auch eine schöne persönliche Erinnerung an die gemeinsam durchlebte Zeit. All die wunderbaren kleinen Augenblicke, besonders innige oder besonders verzweifelte Momente können darin festgehalten werden und erzählen so die Geschichte unseres Hundes.

ERLERNTES VERHALTEN

Kommen wir noch einmal auf die Eskalationsleiter für aggressives Verhalten zurück. Wie bereits mehrfach erwähnt, spielen auch im Vorfeld gemachte Erfahrungen eine Rolle. Hat ein Hund mit einer bestimmten Situation schlechte Erfahrungen gemacht, hat er zum Beispiel gelernt, dass das Gegenüber bei Begegnungen Beschwichtigungssignale nicht beachtet und sich trotzdem schnell nähert, wird er das nächste Mal wahrscheinlich sofort Abwehrsignale zeigen und eventuell knurren, um das gewünschte Ziel, nämlich die Einhaltung der Individualdistanz, zu erreichen. Der Hund steigt also auch hier an einer anderen Stelle der Eskalationsleiter ein. Das Gleiche geschieht, wenn er aus anderen Gründen lernt, dass Beschwichtigungssignale oder – schlimmer noch – Abwehrsignale nicht funktionieren.

EIN BEISPIEL AUS DER HUNDESCHULE:

Vor ein paar Jahren kam es bei Familie B. zu einem schweren Zwischenfall. Ihr Hund hatte ein Kind ins Gesicht und in den Schulterbereich gebissen. Die Familie war sehr verzweifelt über den Vorfall und wollte den Hund eigentlich auf Anraten ihrer Trainerin einschläfern lassen. Der aufgesuchte Tierarzt verweigerte dies aber und schickte die Leute zu einer Expertin, um herauszubekommen, weshalb der Hund überhaupt gebissen hatte und ob er wirklich so unberechenbar war, wie es schien. Es stellte sich folgende Geschichte heraus:

Familie B. war vor einem Jahr im örtlichen Tierheim gewesen, um sich einen Hund auszusuchen. Trotz ihres Hinweises, dass sie noch nie einen Hund hatten und deshalb über relativ wenig Erfahrung im Umgang mit Hunden verfügten, wurde ihnen ein Schäferhundmischling vermittelt, der sich später als reinrassiger Border Collie „outete". Mit anderen Worten waren die Tierheimmitarbeiter entweder selbst so unerfahren, dass sie die Rasse des Hundes wirklich nicht erkannt hatten oder sie hatten ganz bewusst unter falschen Angaben vermittelt. Familie B. nahm den Hund mit nach Hause, taufte ihn „Chaplin". Zunächst gab es keine nennenswerten Probleme. Chaplin war etwas schüchtern und nervös, aber da Familie B. eher zurückgezogen lebt und weder viel Besuch erhält noch selbst viel unterwegs ist, lief alles seinen gewohnten und unauffälligen Gang. Der achtjährige Sohn von Familie B. kam gut mit dem Hund zurecht. Kamen aber Freunde von ihm zu Besuch, knurrte der Hund und zog sich zurück. Frau B. fiel dieses Verhalten auf, und so schimpfte sie Chaplin, wenn er die Kinder anknurrte. Dies hatte zur Folge, dass er noch mehr knurrte und sogar deutlich fletschte, wenn ihm die Kinder zu nahe kamen. Frau B., besorgt über dieses Verhalten und um das Wohl der Besuchskinder, suchte eine Tierpsychologin auf. Diese deutete das Verhalten des Rüden als dominant (trotz stark eingeklemmter Rute und deutlich abgeduckter Körperhaltung!!!) und empfahl, dem Hund eine mit Steinchen gefüllte Coladose laut scheppernd vor die Füße zu werfen und energisch „Aus!" zu brüllen, wenn Chaplin dieses Verhalten nochmals zeigen sollte. Frau B. tat, was ihr geraten wurde, und als Ergebnis erhielt sie nun einen Hund, der Kinder schon anknurrte, wenn er sie in weiter Entfernung sah. Die Tierpsychologin gab nun den Rat, dem Hund mal ordentlich die Leviten zu lesen, wenn er nicht freiwillig bereit sei, sein Verhalten zu ändern. Nachdem es Frau B. zutiefst widerstrebte, ihren Hund zu schlagen, übernahm die Tierpsychologin diesen Teil des „Trainings". Chaplin wurde mit scharfen Leinenrucks traktiert, auf den Rücken geschmissen und angeschrien, mit der Leine auf den Fang geschlagen und in die Seite getreten. Schon nach wenigen „Übungen" stellte Chaplin sein Knurren gegen Kinder ein und wurde als „therapiert und geheilt" entlassen. Und tatsächlich knurrte Chaplin nun nicht mehr, wenn die Freunde des Sohnes im Garten spielten oder er auf der Straße Kinder sah.

Etwa drei Wochen nach Beendigung dieser „Verhaltenstherapie“ veranstalte Familie B. ein Grillfest im Garten. Es kamen Freunde und Verwandte zu Besuch, einige hatten Kinder dabei. Chaplin wurde vorsichtshalber am anderen Ende des Gartens an einer vier Meter langen Leine angebunden, denn so ganz trauten Herr und Frau B. dem Frieden noch nicht. Nach einer Weile beobachtete Frau B., wie sich ihre vierjährige Nichte dem Hund näherte. Chaplin blieb vollkommen ruhig – auch als das Mädchen schon direkt vor ihm stand. Frau B. war erleichtert. In diesem Moment streckte das Mädchen seine Hand aus, um den Hund zu streicheln, denn das Kind hatte von seinen Eltern gelernt, dass man erst wartet, ob ein Hund auch lieb ist und nicht knurrt, und dann darf man ihn streicheln. Chaplin biss mehrfach zu, zwei Bisse trafen das Gesicht des Kindes.

Die Familie war entsetzt, das schreiende Kind wurde zum Arzt gebracht, Chaplin vom Schwiegervater verprügelt und in die Garage gesperrt. Frau B. war völlig fertig und rief sofort die Tierpsychologin an. Diese fragte, ob Chaplin denn nicht vor dem Zubeißen irgendwie, zum Beispiel durch Knurren, gewarnt hätte. Als Frau B. dies verneinte, empfahl die Tierpsychologin die sofortige Einschläferung des Hundes wegen unberechenbarer Bösartigkeit. Die gleiche Frau, die ihm das Knurren, also Warnen, mit Strafreizen und Prügel abgewöhnt hatte, sagte nun, er sei unberechenbar und gehöre eingeschläfert. Unglaublich!

Verbieten Sie einem Hund niemals zu knurren! Er warnt damit sein Gegenüber und gibt somit die Möglichkeit, das Verhalten entsprechend einzustellen.

Um Chaplins Geschichte zu Ende zu erzählen: Er besuchte dann eine andere Hundeschule und es war ein langer, mühevoller Weg für ihn und seine Besitzer, sein Vertrauen wieder herzustellen, seine Angst in den Griff zu kriegen und Familie B. mit Managementmaßnahmen zur sicheren Führung vertraut zu machen. Die erste Übungseinheit bestand darin, Chaplin klar zu machen, dass es sich lohnt, Beschwichtigungs- und Abwehrsignale zu zeigen, und Familie B. zu erklären, wie sie auf die gezeigten Signale reagieren könne. Beim Aufarbeiten der durch Familie B. gemachten Fehler sind viele Tränen geflossen. Das Training dauerte sieben Monate und in diesem Zeitraum wurden etwa 50 Kinder unter kontrollierten Bedingungen als Helfer eingesetzt.

Familie B. hat gelernt, Chaplin aus bestimmten Situationen herauszuhalten und ihm ausreichend viele Rückzugsmöglichkeiten anzubieten. Sein Stresspegel wurde reduziert und durch spezielle Übungen, die im Kapitel über das Training zur Veränderung der Assoziation erklärt werden, kann er jetzt problemlos an Kindern vorbeigehen, sogar wenn diese toben und wild gestikulieren. Er hat auch keine Probleme mehr, wenn die Freunde des Sohnes zu Besuch kommen. Anfangs zog er sich dann immer in das Schlafzimmer der Eltern zurück, das für Besucher tabu ist. Inzwischen bleibt er auch unter dem Esszimmertisch liegen und geht erst, wenn eines der Kinder näher als zwei bis drei Meter herankommt. Frau B. weiß, dass sie ihn nicht unbeaufsichtigt mit Kindern lassen kann, was im Übrigen für alle Hunde und Kinder gelten sollte. Chaplin lebt noch immer in seiner Familie und es kam nie wieder zu irgendwelchen Zwischenfällen.

Aus oben geschildertem Fall lässt sich leicht ableiten, wie gefährlich es sein kann, Beschwichtigungssignale nicht zu beachten oder Abwehrsignale wie zum Beispiel das Knurren zu bestrafen, denn wenn sich die auslösende Situation für den Hund nicht verändert, er sich also weiterhin bedrängt oder bedroht fühlt, erzieht man ihn regelrecht dazu, ohne Vorwarnung zu schnappen oder sogar zuzubeißen.

Aber was kann man sonst tun?", werden Sie sich jetzt wahrscheinlich fragen. Am besten wäre es sicherlich, wenn man die Situation so verändern könnte, dass sie dem Hund nicht mehr bedrohlich erscheint. In dem obigen Beispiel wurde das erreicht, indem dem Hund gezeigt wurde, dass er sich *jederzeit* an einen Ort zurückziehen kann, an dem er *unter allen Umständen* in Ruhe gelassen wird. Es ist ein weit verbreiteter Irrglaube, dass der Hund nur dann wesensfest, freundlich und dem Menschen gegenüber loyal ist, wenn er sich alles von ihm gefallen lässt. Tatsächlich hat dieser Irrglaube schon zu vielen Missverständnissen zwischen Menschen und ihren Hunden geführt.

Viele Probleme sind übrigens durch Managementmaßnahmen allein nicht zu bewältigen. Denn durch die gemachten Erfahrungen beantwortet der Hund nun jede Situation, die ihn an diese Erlebnisse erinnert und Angst in ihm auslöst, mit Abwehrreaktionen. Jetzt ist ein Umlernen beim Hund notwendig, das heißt, die gemachte Lernerfahrung, dass die Annäherung eines Kindes gleichbedeutend ist mit „ich werde erschreckt und bestraft", muss verändert werden. Diese unangenehme Assoziation des Hundes soll beim Training durch eine andere, positive gedankliche Verknüpfung ersetzt werden. Mehr darüber, wie solche Übungen aussehen und was dabei zu beachten ist, lesen Sie im Kapitel über die Trainingsprogramme. Zunächst aber noch ein paar interessante Informationen darüber, wie Hunde lernen.

**KEIN LEBEWESEN MUSS SICH
ALLES GEFALLEN LASSEN.
JEDES LEBEWESEN HAT DAS RECHT,
SICH BEI BEDROHUNG, ANGST UND/ ODER
SCHMERZEINWIRKUNG ZU WEHREN.**

GRUNDLAGEN DES LERNENS

Es gibt viele Fälle, in denen sich der Hundehalter eine Verhaltensänderung seines Hundes wünscht. Zunächst sollte man aber unterscheiden, ob es sich bei diesem Verhalten wirklich um eine Verhaltensstörung handelt, die durch ein entsprechendes Trainingsprogramm verändert werden sollte, oder ob es sich um ein zwar von seinem Besitzer unerwünschtes, aber für einen Hund völlig normales Verhalten handelt.

Unter einer Verhaltensstörung versteht man gestörte Verhaltensmuster und psychische Auffälligkeiten, die zu einer mehr oder weniger starken Beeinträchtigung im Leistungs- und/ oder Sozialbereich führen. Sie kann psychische, soziale, organische oder funktionelle Ursachen haben, relativ kurzzeitig auftreten oder chronisch sein.

Habe ich also einen Hund vor mir, der grundsätzlich aggressiv auf andere Hunde reagiert, handelt es sich um eine Verhaltensstörung. Habe ich einen Hund vor mir, der aggressiv auf Bedrohung oder Angriff reagiert, so verhält sich dieser völlig normal. Relativ häufig wird an uns der Wunsch herangetragen, wir sollen den Hund so trainieren, dass er immer friedlich bleibt. Das geht natürlich nicht und ist auch gar nicht sinnvoll! Er muss sich wehren können und dürfen. Hier wäre es also sinnvoller, den Besitzer zu schulen, den Hund so zu führen, dass er ihn gar nicht erst in Konfliktsituationen bringt – was übrigens auch nicht immer möglich ist. Außerdem wäre ein Hund, der auch dann „friedlich" bleibt, wenn er angegriffen wird, der sich also trotz eines körperlichen Übergriffs nicht wehrt, verhaltensgestört, denn es gehört zum natürlichen Verhaltensrepertoire, sich selbst bei Angriff zu schützen.

Ein weit verbreitetes Problem ist zum Beispiel das der so genannten Leinenaggression. Bei fast jedem Parkspaziergang trifft man auf Hunde, die sich an der Leine aggressiv zeigen und wie wild gebärden, deren Besitzer aber versichern, dass sie ganz friedlich wären, sobald sie abgeleint würden. In vielen Fällen ist dem auch so. Es stellt sich hier die Frage, wie diese Aggression an der Leine zustande kommt, denn ein wirkliches Problem mit Artgenossen haben viele dieser Hunde offensichtlich nicht, denn ohne Leine kommen sie gut mit anderen Vierbeinern zurecht.

Diese beiden Hunde haben gelernt, sich auch an der Leine freundlich zu begrüßen.

Häufig werden die Weichen in die falsche Richtung schon früh gestellt. Ein junger Hund wird an der Leine eine Straße entlang geführt. Plötzlich sieht er auf der gegenüberliegenden Straßenseite einen anderen Hund. Natürlich möchte er sofort dorthin. Aber leider geht das nicht, denn er ist deshalb angeleint, weil eine von vielen Autos befahrene Straße dazwischenliegt. Viele Hunde werden in so einer Situation an der Leine zerren und vielleicht vor Aufregung hochspringen, aber das hilft alles nichts, denn der Hundeführer kann den Hund wegen der Autos nicht zu dem anderen hinlassen und hält ihn mit der Leine zurück. Sicher können Sie nachvollziehen, dass sich so eine gehörige Portion Frust beim angeleinten Hund aufbaut. Hinzu kommt, dass die Einwirkung an der Leine, besonders, wenn der Hund ein Halsband und kein Brustgeschirr trägt, unangenehm, eventuell sogar schmerzhaft ist. Den Hund zurückhalten zu müssen ist aber unvermeidbar, denn es wäre viel zu gefährlich, ihn im Ortsbereich ohne Leine laufen zu lassen.

Beim nächsten Mal ist der Hund eventuell noch aufgeregter und zerrt noch wilder an der Leine, sodass es auch für den Hundehalter unangenehm wird. Bei einem großen Hund wird er vielleicht sogar Probleme haben, ihn zu halten. Es ist nur allzu menschlich, wenn jetzt auch beim Besitzer Frust und Ärger aufkommen, und er versucht, den Hund mit lauter Stimme zur Raison zu bringen. Aber was lernt der Hund in dieser Situation?

Wie schon erwähnt, lernen Hunde durch Verknüpfung, was bedeutet, sie stellen im Gehirn eine Verbindung zwischen bestimmten wahrgenommenen Reizen und den damit für sie verbundenen Folgen und Gefühlen her (klassische und operante Konditionierung). Dabei werden die Folgen und die damit verbundenen Gefühle mit dem Reiz assoziiert, auf den der Hund sich gerade konzentriert. Kehren wir zu unserem obigen Beispiel zurück: In dem Moment, in dem der Hund den Artgenossen erblickt, gilt seine Aufmerksamkeit in erster Linie diesem. Mit dem Anblick eines anderen Hundes werden nun der angestaute Frust, die unangenehme oder schmerzhafte Einwirkung durch die Leine und der Ärger der Bezugsperson verknüpft. Der Hund lernt also, mit dem Anblick eines Artgenossen unangenehme Dinge zu verbinden, wenn er angeleint ist. Entsprechend wird er bei der nächsten Begegnung reagieren. Häufig entsteht ein regelrechter Teufelskreis. Hat der Hund erst einmal gelernt, dass mit einer Begegnung mit einem Artgenossen unangenehme Folgen verbunden sind, wird er sich entsprechend verhalten und mit jedem Mal wilder und aggressiver werden. Nicht selten reagiert der Besitzer darauf mit Strafe, was die negative Assoziation des Hundes noch verstärkt, das heißt, das Verhalten wird in der Regel immer schlimmer statt besser. Strafe ist also nicht die Lösung! Das Problem kann nur dadurch gelöst werden, dass der Hund umlernt. Eine neue, positive Verknüpfung soll an die Stelle der alten, negativen treten. Der Anblick eines anderen Hundes soll also wieder positiv assoziiert werden. Das kann mit gezielten Trainingsprogrammen erreicht werden.

Dieser Hund würde gerne ausweichen, wird aber durch die viel zu kurz gehaltene Leine daran gehindert. Wie im dritten Bild zu sehen, versucht er zumindest, den Auslösereiz (einen anderen Hund) im Auge zu behalten.

WARUM ABLENKEN NICHT WIRKLICH FUNKTIONIERT

Haben Sie schon mal versucht, einen Hund in einer solchen Situation von dem auslösenden Reiz, in unserem Beispiel also dem Hund auf der anderen Straßenseite, abzulenken? Vielleicht haben Sie dann auch die Erfahrung gemacht, dass das nicht besonders gut klappt. Meist lässt sich der Hund noch ganz gut mit Leckerchen oder seinem Lieblingsspielzeug ablenken, solange der Artgenosse, oder was immer das unerwünschte Verhalten auslöst, noch weit entfernt ist. Kommt er näher, reagiert der eigene Vierbeiner wie bisher und lässt sich kaum noch ablenken. Bis zu einer bestimmten Grenze hin fühlt sich der Hund noch einigermaßen sicher und kann sich auch anderen Dingen widmen. Wird aber die kritische Distanz unterschritten, steigt die vom Hund empfundene Bedrohung damit über ein bestimmtes Ausmaß, dann muss er das, von dem die Bedrohung ausgeht, im Auge behalten. Er kann gar nicht anders. Denken Sie an die Hündin Lola, der mit Hilfe eines Haltis die Möglichkeit genommen wurde, den von ihr empfundenen Gefahrenreiz im Auge zu behalten, oder stellen Sie sich mal eine entsprechende Situation vor, in der Sie selbst sein könnten. Sie steigen nachts aus der U-Bahn aus und auf dem Weg zu Ihrem geparkten Auto haben Sie das Gefühl, dass Ihnen jemand folgt. Sie drehen sich um und tatsächlich ist da eine dunkle Gestalt. Sie beschleunigen Ihre Schritte etwas. Würden Sie sich nicht immer wieder umdrehen wollen, um zu sehen, ob Ihnen wirklich jemand folgt und, falls dem so ist, ob die Distanz zu dieser Person kleiner oder größer wird? Wie würden Sie sich fühlen, wenn Sie ein Passant von der Situation ablenken wollte, Ihnen versuchte einzureden, da sei niemand, oder Sie gar davon abhalten wollte, sich umzudrehen? Wie würden Sie sich fühlen? Ganz ähnlich geht es dem Hund. Deshalb ist auch Ablenkung nicht die Lösung für derartige Probleme.

DAS „CHANGING THE ASSOCIATION"-PROGRAMM ALS SCHLÜSSEL ZUM TRAININGSERFOLG

Wie könnte man in dem obigen Beispiel der Leinenaggression vorgehen? Bevor man mit dem eigentlichen Training beginnt, muss man versuchen, möglichst genau herauszufinden, was der Hund verknüpft hat, sonst trainiert man unter Umständen an dem eigentlichen Problem vorbei.

- Wann tritt das Verhalten auf?
  - Nur an bestimmten Orten oder überall?
  - Nur zu bestimmten Tageszeiten oder immer?
  - Nur bei einer Person aus der Familie oder bei allen Familienmitgliedern?
  - Nur bei bestimmten Hunden oder bei allen (Rasse, Rüde oder Hündin)?

- Wann trat das Verhalten zum ersten Mal auf? Gibt es einen Zusammenhang mit einem bestimmten Erlebnis, zum Beispiel einer Rauferei?

- Ab welcher Distanz reagiert der Hund?

Ziel des Trainings ist es, dass der Hund eine neue positive Assoziation mit dem Anblick eines Artgenossen herstellt. Eine Möglichkeit hierfür ist, dem Hund ein wirklich attraktives Leckerchen in dem Moment anzubieten, in dem er den anderen Hund wahrnimmt. Er soll keine besondere Übung wie „sitz" oder „Platz" ausführen und er muss auch keinen Blickkontakt mit Ihnen aufnehmen, um das Gutti zu bekommen. Mit anderen Worten: In dem Augenblick, in dem er den anderen Hund wahrnimmt, fliegt ihm wie von selbst ein Stück Wurst in den Mund. Toll! ☺

Das wiederholen Sie mehrere Male. Der andere Hund verschwindet, taucht wieder auf, bleibt auf der anderen Seite der Wiese einen Moment stehen, läuft vielleicht ein wenig auf und ab, und immer, wenn Ihr Hund den anderen ansieht, gibt es ein Stück Wurst. Super! ☺

Denken Sie daran, immer nur in kleinen Zeiteinheiten zu arbeiten, sonst fährt sich der Stresslevel Ihres Hundes hoch. Kleine Übungseinheiten, große Pausen. Gehen Sie ein bisschen auf und ab, damit Ihr Hund eventuelle Anspannung durch Bewegung abbauen kann. Gehen Sie aber ruhig und gelassen, denn wenn Sie zu unruhig und hektisch herumrennen, bauen Sie auch wieder Spannung auf.

Wenn Ihr Hund beim Anblick des anderen Hundes schon relativ gelassen bleibt und Sie in Erwartung seines Leckerchens anschaut, so nach dem Motto „Hey, ich habe einen Hund gesehen, toll, wo bleibt mein Gutti?!", dann ist es Zeit, das Codewort einzuführen. Das Codewort soll ebenfalls positiv verknüpft sein und dem Hund signalisieren, dass es sich wieder um so eine tolle Situation handelt, in der wir einen Hund sehen und es dafür ein ganz besonderes Leckerchen gibt. Sie können zum Beispiel in einem ganz bestimmten Tonfall „fein!" sagen. Ihre Stimme soll dabei sanft, freundlich und angenehm sein. Denken Sie daran, dass Sie Ihren Hund mit einer zu hektischen freudigen Erregung ebenfalls wieder aufregen. Eine ruhige, sanfte Stimme wäre ideal. Begegnen Sie nun in den nächsten Tagen irgendwelchen Hunden, so sagen Sie sofort in dem möglichst gleichen sanften, freundlichen Ton „fein!" und geben dann das Leckerchen. So können Sie plötzlich auftretende Situationen positiv beeinflussen.

! Wenn die Übung klappt, und das tut sie bei richtigem Aufbau praktisch immer, hat Ihr Hund nun den Anblick eines anderen Hundes positiv verknüpft und gelernt, dass er sich in den Situationen, die Sie mit „fein!" belegen, sicher fühlen kann. Sagen Sie also niemals das Codewort, wenn Ihr Hund durch einen anderen bedroht wird oder Sie sich aus anderen Gründen nicht sicher sein können, dass die Situation auch wirklich in Ordnung ist! Käme es zu einer Auseinandersetzung, hätte Ihr Hund in etwa gelernt: „Mein Mensch sagt, es ist in Ordnung, aber das ist es nicht. Ich kann mich also nicht auf das verlassen, was mein Mensch mir sagt."

Das Aufbauen einer neuen positiven Verknüpfung ist aber nur möglich, wenn die Distanz zu dem Artgenossen so groß ist, dass der Hund noch nicht aggressiv reagiert, sonst würde die negative Verknüpfung bestehen bleiben und sogar belohnt werden. Mit anderen Worten, die Distanz zu dem anderen muss so gewählt werden, dass Ihr Hund ihn zwar wahrnimmt, aber noch nicht negativ reagiert. Dabei sollte man es dem Hund zu Beginn möglichst einfach machen. Wählen Sie einen Hund als Trainingsassistenten aus, mit dem Ihr eigener Hund wahrscheinlich die geringsten Probleme hat. Erinnern Sie sich an die Eskalationsleiter aus dem vorherigen Kapitel? Man muss sozusagen im grünen Bereich trainieren. Der Hund soll den Artgenossen wahrnehmen. Sendet er keine oder nur ganz leichte Beschwichtigungssignale, so ist dies ein Zeichen dafür, dass die Distanz richtig ist, und der Hund sollte für diese Art der Kommunikation belohnt werden. Für jeden Blickkontakt mit dem anderen Hund gibt es ein Leckerchen, sofern der Hund dabei ruhig bleibt. Es soll also genau das Gegenteil vom Halti-Training erreicht werden. Der Hund soll nicht wegschauen, denn das würde ja das Problem nicht wirklich lösen, sondern verschlimmerte seine negativen Gefühle nur. Wir möchten, dass er hinsieht – und ruhig bleibt. Die Wurst gibt es für das Hin-, nicht für das Wegschauen.

Die Praxis zeigt, dass die meisten Hunde sehr schnell lernen und mit dem Anblick des Artgenossen ein Leckerchen verbinden. Bei diesen Übungen sollten Sie nicht zu lange an einer Stelle stehen bleiben, denn das kann zu viel Spannung zwischen den Hunden aufbauen. Wie schon erwähnt gilt Gleiches, wenn man den Hund in ein Ruhekommando wie „sitz" oder „Platz" bringt. Bewegung baut Spannung ab. Stellen Sie sich vor, Sie müssten ruhig sitzen, während Sie innerlich aufgewühlt sind.

Ist eine Annäherung noch nicht möglich, kann man sich parallel zueinander oder im Kreis aneinander vorbeibewegen (siehe entsprechendes Kapitel über den Übungsaufbau). Gut ist es, wenn man dem Hund ermöglicht, da zu schnüffeln, wo sich zuvor der andere Hund aufgehalten hat. Je nach Lernerfolg kann dann Schritt für Schritt die Distanz verringert werden, indem man sich dem anderen Hund in einem Bogen oder in Schlangenlinien nähert. Direktes Aufeinanderzulaufen sollten Sie unbedingt vermeiden, denn das könnte von den Hunden als Bedrohung verstanden werden. Klappt die Annäherung an einen Hund gut, muss man das Programm mit anderen Hunden und an anderen Orten sowie zu unterschiedlichen Tageszeiten wiederholen, damit der Hund diese neue Verknüpfung generalisiert.

Während des gesamten Trainingsprogramms sollten Rückfälle in das alte Verhalten unbedingt vermieden werden, denn das würde jedes Mal einen Rückschritt bedeuten. Organisieren Sie die Spaziergänge am besten so, dass Sie mit dem Hund an der Leine keinem anderen Hund begegnen. Fahren Sie beispielsweise mit ihm ins Grüne, wo er sofort frei laufen darf und Sie die Gegend weiträumig überblicken können. Halten Sie sich auch dann daran, wenn Ihnen das anfangs etwas umständlich erscheint. Es ist ja nur für eine vorübergehende Zeit.

Auch in dem geschilderten Fall der negativen Verknüpfung des Border Collies mit der Annäherung eines Kindes würde man unter anderem ein solches Trainingsprogramm zur Veränderung der Assoziation durchführen. Hierbei ist ein gutes und verantwortungsvolles Management der Übungssituationen gefordert, denn auch hier ist es sehr wichtig, dass negative Erlebnisse des Hundes mit einem Kind unterbleiben, auch wenn das eventuell nur schwer zu organisieren sein wird. Trotzdem ist es von entscheidender Bedeutung für den Erfolg des Trainingsprogramms. Zum einen kann die neue positive Assoziation nicht gelingen, wenn der Hund zwischendurch immer wieder negative Erfahrung mit eben dieser Situation macht. Zum anderen kann dadurch auch ein effektives Lernen vermindert oder sogar blockiert werden, denn diese negativen Erlebnisse sind gleichbedeutend mit Stress und unangenehmen Gefühlen. Stress beeinträchtigt das Lernvermögen, insbesondere wenn starke Emotionen hinzukommen. Stellen Sie sich vor, Sie müssten ein Gedicht auswendig lernen. Das würde Ihnen in einer lockeren, entspannten Atmosphäre sicher leichter fallen als in einer stressigen und wäre in einem Moment, in dem sie große Angst empfinden oder richtig wütend sind, wahrscheinlich unmöglich. Warum das so ist, lesen Sie im folgenden Abschnitt über das Gehirn und das limbische System.

GROSSHIRNRINDE UND LIMBISCHES SYSTEM

Das Gehirn des Hundes und das des Menschen sind im Prinzip ähnlich aufgebaut. Es ist in verschiedene Bereiche unterteilt, denen auch unterschiedliche Aufgaben zugeordnet sind. Es besteht aus dem Großhirn, dem Zwischenhirn, dem Kleinhirn und dem Hirnstamm.

Die äußere Schicht des Großhirns ist die Großhirnrinde. Sie besteht aus den Gehirnzellen, während der innere Teil des Großhirns aus den Nervenfasern besteht, die die einzelnen Zellen miteinander verbinden. In der Großhirnrinde wird der Sitz des Bewusstseins vermutet. Hier werden Sinneswahrnehmungen verarbeitet, aufgrund bisheriger Lernerfahrungen beurteilt und entsprechende Entscheidungen getroffen. Mit anderen Worten, das Denken findet in der Großhirnrinde statt. Das Abspeichern von neuen Erfahrungen, also das Lernen, hängt eng mit diesen Funktionen zusammen. Auch das Auslösen von Bewegungen geschieht in der Großhirnrinde. Für die Koordination der einzelnen Muskeln und das Aufrechterhalten des Gleichgewichts ist dagegen das Kleinhirn zuständig. Im Hirnstamm werden die allgemeinen Lebensfunktionen wie Herzfrequenz, Blutdruck und Atmung kontrolliert. Auch das Wach-Schlaf-Zentrum befindet sich hier. Das Zwischenhirn liegt, wie der Name schon sagt, zwischen dem Groß- und dem Kleinhirn. Hierzu gehören unter anderem Thalamus und Hypothalamus. Vom Hypothalamus aus wird das vegetative, das unbewusste Nevensystem gesteuert, das für die Regulation des Energie-, Wärme- und Wasserhaushalts zuständig ist.

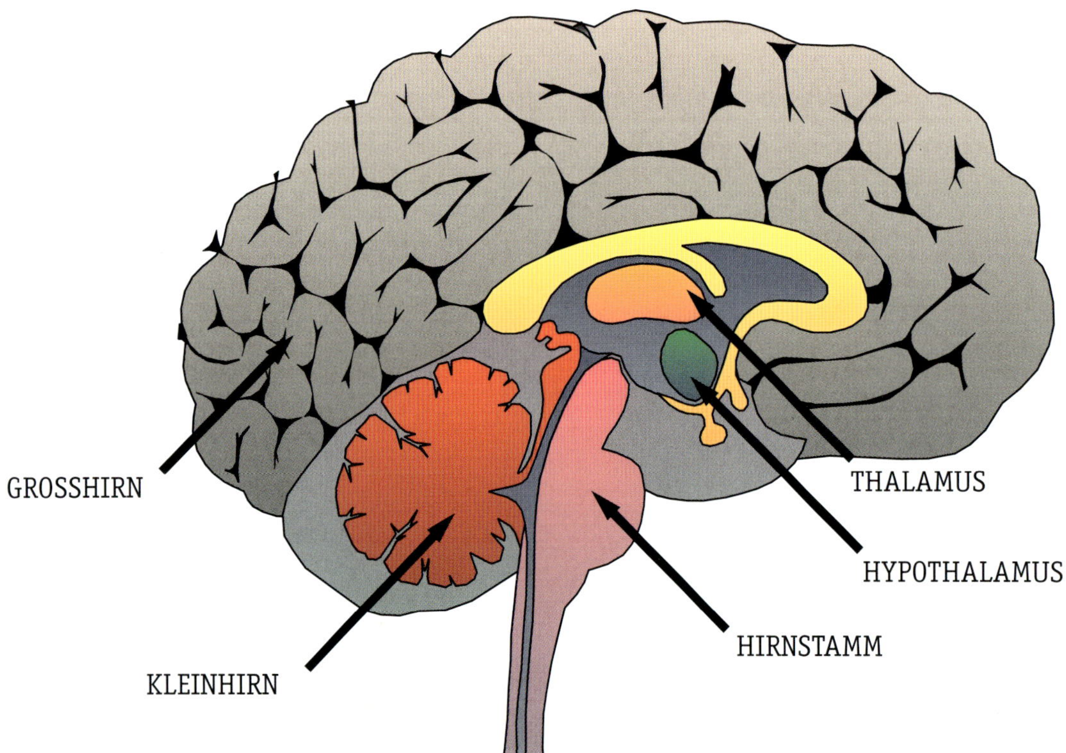

Der Thalamus kann als Schaltzentrale betrachtet werden. Hier laufen Sinneswahrnehmungen und emotionale Reaktionen zusammen und werden dann an die Großhirnrinde beziehungsweise an das limbische System zur Verarbeitung weitergegeben. Das limbische System ist anatomisch nicht genau abgegrenzt. Es zählen verschiedene Bereiche des Groß- und Zwischenhirns dazu. Man kann das limbische System als emotionales Zentrum bezeichnen, denn hier werden Gefühle verarbeitet und auch gespeichert. Ein als Amygdala bezeichneter Bereich des Gehirns gehört ebenfalls zum limbischen System und steuert Angst und Aggression. Normalerweise ist die Großhirnrinde die oberste Kontrollinstanz. Hier wird auch über Reaktionen aus Angst oder über aggressive Verhaltensweisen aufgrund bisheriger Erfahrungen entschieden. Allerdings beeinflussen sich die Großhirnrinde und das limbische System gegenseitig. Bei starker emotionaler Erregung wird die Großhirnrinde in ihrer Aktivität gehemmt. Auch Stress aktiviert das limbische System, insbesondere die Amygdala, also das Angst- und Aggressionszentrum, und hemmt gleichzeitig die Großhirnrinde und damit die kognitiven Fähigkeiten und das rationale Denken.

WICHTIG:

! Unter dem Eindruck starker Emotionen oder bei hohem Stresslevel kann man also buchstäblich keinen klaren Gedanken mehr fassen und auch nicht rational lernen!

Starke Erregung erzeugt also eine Denkblockade, die jedes weitere logische Nachdenken verhindert. Das limbische System und damit die Emotionen kontrollieren das Handeln. Der Organismus kann dadurch schnell und quasi automatisch seinen Instinkten gemäß reagieren. Die ausgelöste Reaktion ist zwar von den bisherigen Erfahrungen abhängig, fällt aber in der Regel als Flucht oder Angriff aus.

Umgekehrt hemmen kognitive Aufgaben, die eine höhere Aktivität der Großhirnrinde hervorrufen, das limbische System und damit das Empfinden starker Emotionen.

BEDEUTUNG FÜR DIE PRAXIS

Demnach hemmen starke Emotionen und Stress das Lernvermögen. Es ist also keine bewusste Entscheidung, etwas in einer angespannten Situation nicht lernen zu wollen, sondern eine durch physiologische Gegebenheiten bestimmte Tatsache. Auch aus diesem Grund kann ein „Changing the Association"-Programm nur funktionieren, wenn es gelingt, das Stressniveau möglichst niedrig zu halten und dabei starke Emotionen zu vermeiden. Gleichzeitig macht eine sinnvolle Beschäftigung dem Hund das Lernen leichter, denn kognitive Aufgaben vermindern starke Emotionen durch die gleichzeitige Hemmung des limbischen Systems. Begleitend zu einem Verhaltensprogramm empfiehlt es sich daher, mit dem Hund Nasenarbeit (zum Beispiel das Suchen nach Gegenständen oder Fährtenarbeit) zu machen.

Das Vermeiden von starken negativen Emotionen während eines Trainingsprogramms ist auch noch aus einem anderen Grund von großer Bedeutung. In der Humanpsychologie hat man festgestellt, dass sich negative emotionale Erlebnisse sozusagen aufaddieren. Es scheint also eine Art Speicher für negative Emotionen zu geben. Kommen zu viele solcher Ereignisse zusammen, läuft der Speicher über und es kommt beim Menschen zu psychischen Erkrankungen wie Neurosen oder Psychosen. Gleichzeitig ist bekannt, dass man belastende Erlebnisse viel besser verarbeiten kann, wenn man in einer insgesamt positiven Grundstimmung ist, also zuvor angenehme Emotionen speichern konnte.

Die Erfahrungen im Trainingsalltag legen nahe, dass Ähnliches auch für Hunde gilt. Auch Hunde kommen mit schwierigen Situationen besser zurecht, wenn sie vorher viele angenehme Erlebnisse hatten und alles in allem zufrieden sind.

Negative Ereignisse bewirken hingegen häufig eine geringere Toleranz und ein heftigeres Reagieren. Daher kann man das Trainingsprogramm effektiv unterstützen, wenn man negative Emotionen auch im Alltag nach Möglichkeit vermeidet und versucht herauszufinden, was dem Hund Freude bereitet. Nehmen Sie sich ein bisschen mehr Zeit für Ihren Hund. Zeit, die wirklich nur ihm und Ihnen gehört; Zeit für gemeinsame Aktivitäten und Streicheleinheiten. Sie füllen damit nicht nur den „Positiv-Speicher" Ihres Hundes auf, sondern auch Ihren eigenen. ☺

DIE ÜBUNGEN

In diesem Kapitel möchten wir einige der Übungen beschreiben, die wir im Training verwenden. Denken Sie daran, nie zu lange zu trainieren. Wenige Minuten sind vollkommen ausreichend. In vielen kleinen Schritten, die alle mit einem Lernerfolg enden, kommen Sie insgesamt schneller vorwärts, als wenn Sie zu lange am Stück üben, den Hund überfordern und dadurch schließlich Rückschritte machen. Kleine Übungseinheiten mit großen Pausen sind der Schlüssel zum Erfolg.

Als Trainingspartner sollten Sie sich nur Hunde aussuchen, die nicht selbst ein Problem haben und daher ruhig und entspannt mitmachen.

TRAINING ZUR VERÄNDERUNG DER ASSOZIATION

Die folgende Übung kann man einsetzen, wenn der Hund Probleme bei der Begegnung mit einem anderen Hund hat.

Sie beginnen mit dem „Changing the Association"-Programm, wie auf Seite 70 beschrieben. Stellen Sie sich auf eine Wiese oder einen leeren Parkplatz. Bitten Sie einen Freund, in ausreichend großer Entfernung mit seinem Hund aufzutauchen. Was eine ausreichend große Entfernung ist, entscheidet Ihr Hund! Sie erkennen es daran, dass er auf den Auslösereiz (also zum Beispiel den anderen Hund) nicht negativ reagiert, wenn er diesen wahrnimmt. In dem Augenblick, in dem Ihr Hund den anderen sieht, geben Sie ihm ein Leckerchen. Diese Übung wiederholen Sie mehrere Male wie auf Seite 70 beschrieben. Ziel der Übung ist es, die negative gedankliche Verknüpfung, die Ihr Hund beim Anblick eines anderen Hundes empfindet, in eine positive umzuformen. Ihr Hund soll in etwa denken: „Wenn ich einen anderen Hund sehe, kriege ich etwas ganz Leckeres. Toll!" ☺

Im weiteren Verlauf verzögern Sie die Gabe des Leckerchens um ein bis zwei Sekunden, sodass Ihr Hund Sie auffordernd ansieht, so nach dem Motto: „Hallo, ich habe einen Hund gesehen, wo bleibt denn das Leckerchen?!" Geben Sie es ihm, sobald er Sie danach „fragt". Loben Sie mit ruhiger, sanfter Stimme.

In der Wiederholung dieser Übung fügen Sie das Codewort „fein!" ein, sobald Ihr Hund Sie auffordernd ansieht, weil er nach Sichtung des Artgenossen ein Gutti möchte. Dieses Codewort signalisiert Ihrem Hund später, dass es sich auch diesmal wieder um eine dieser tollen Begegnungen handelt, wenn Sie unerwartet auf einen anderen Hund treffen und nicht gleich das Leckerchen parat haben. Bereits dadurch, dass Sie „fein!" sagen, stimmen Sie den Hund in der Begegnung mit dem anderen positiv, wenn er dies von früheren angenehmen Erlebnissen so kennt.

Für ruhiges Hinüberschauen...

...gibt es Leckerchen.

FEHLERQUELLEN:

- Bauen Sie bitte keine unnötige Spannung auf, indem Sie zu Ihrem Hund so etwas sagen wie: „Schau mal da drüben, ja da ist ein Hund." usw. usw. Lassen Sie Ihren Hund in aller Ruhe von selbst hinsehen, auch wenn es einen Augenblick dauert, ehe er den anderen wahrnimmt.
- Loben Sie nicht zu überschwänglich, sonst bauen Sie zu viel Spannung auf.
- Geben Sie während dieser Übung keine Kommandos wie „sitz", „Platz" oder Ähnliches. Bleiben Sie auch nicht zu statisch an einer Stelle stehen, sondern gehen Sie ruhig und gelassen ein wenig auf und ab, damit Ihr Hund eine sich eventuell aufbauende Anspannung abbauen kann.
- Wenn Ihr Hund doch aufbrausend reagiert, haben Sie die Distanz nicht ausreichend groß gewählt. Schimpfen Sie ihn dafür nicht! Wenn Ihr Hund aufbrausend reagiert, so ist dies ein Ausdruck seiner momentanen Erlebniswelt. Er hat das Gefühl, so reagieren zu müssen. Es ist unsinnig, Gefühle zu bestrafen. Nehmen Sie dies lieber als Zeichen dafür, dass Sie zu schnell vorgegangen sind, und vergrößern Sie für den nächsten Übungsdurchgang die Distanz.
- Fordern Sie Ihren Hund auf keinen Fall auf, den anderen Hund nicht anzusehen! Mit diesem Training soll ja genau das Gegenteil erreicht werden! Das Ziel der Übungen ist, dass er hinsieht und ruhig bleibt.
- Benutzen Sie das Codewort nicht in Situationen, in denen Ihr Hund überfordert ist, zum Beispiel wenn Ihnen ein anderer Hund begegnet, der plötzlich direkt vor Ihnen steht und Ihr Hund bereits in aggressives Verhalten gekippt ist.
- Trainieren Sie niemals an mehreren Problemen gleichzeitig. Sollte der Hund mehrere Verhaltensweisen zeigen, die Sie verändern möchten, so beginnen Sie mit nur einer. Nachdem Sie dieses Problem gelöst haben, lassen Sie dem Hund vier bis acht Wochen Zeit, dieses neue, gewünschte Verhalten zu etablieren. Dann erst beginnen Sie, das nächste Problem in Angriff zu nehmen, denn sonst wird Ihr Hund schnell überfordert und daraus ergeben sich dann wieder neue Probleme.

Und gleich noch einmal.

BOGEN LAUFEN

Wenn Sie diesen ersten Schritt erfolgreich absolviert haben und Ihr Hund immer ruhig bleibt und sich auf sein Leckerchen freut, wenn er in dieser großen Entfernung einen anderen Hund sieht, können Sie eine der folgenden Übungen beginnen:

Fangen Sie an, in einem großen Bogen auf den Standort des anderen Hundes zuzugehen, während Ihr Trainingspartner mit seinem Hund das Gleiche tut. Lassen Sie Ihrem Hund Zeit, alles zu erkunden, eventuell zu urinieren oder zu koten. Denken Sie an die Zusammenhänge zwischen Stress und der Regulation des Wasserhaushaltes. Es ist gut möglich, dass die Übung für Ihren Hund anstrengend ist, auch wenn er äußerlich ruhig bleibt, und dass er deshalb öfter pieseln muss als gewöhnlich.

Wenn Sie schließlich dort angekommen sind, wo vorher der andere Hund stand, lassen Sie Ihren Hund ausgiebig schnüffeln, wenn er dies möchte. So informiert er sich, wer dort gewesen ist.

Dann wechseln Sie wieder in aller Ruhe die Seiten. Gehen Sie dabei auf der Spur, die vorher der andere Hund gelaufen ist, während dieser auf Ihrer Spur läuft. Wiederholen Sie diese Übung mehrere Male und loben Sie Ihren Hund immer mit sanfter, freundlicher Stimme, wenn er Blickkontakt mit dem anderen Hund aufnimmt.

Diese beiden Rüden demonstrieren das Bogenlaufen.

Im nächsten Schritt können Sie die Distanz zwischen den Bögen verringern, bis Sie schließlich auch mit geringem Abstand aneinander vorbeigehen können. Beide Hunde sollten an der Außenseite ihrer Menschen geführt werden, wie in den nebenstehenden Zeichnungen zu sehen.

Mit diesen Übungen haben wir schon oft Hunde erfolgreich trainiert, die zuvor (teilweise sogar ganz erhebliche) Probleme damit hatten, an anderen Hunden vorbeizugehen, ohne aggressiv zu werden.

Beispiel:

Ein Polizeihundeführer hatte das Problem, dass sich sein Diensthund seit zwei Jahren wie wild gebärdete, wenn er andere Hunde beim Rundgang in der Stadt oder in den Parkanlagen sah. Abgesehen davon, dass sich der Mann selbst ein anderes Verhalten von seinem Hund wünschte, machte es natürlich einen denkbar schlechten Eindruck, wenn sich sein Diensthelfer auf vier Pfoten so aufführte. Bisher hatte er auf dieses Verhalten immer mit einem scharfen Leinenruck und dem Kommando „AUS!“ reagiert, was das Verhalten nur noch verschlimmerte. In der Befragung ergab sich, dass der Hund neben seinem „Beruf“ als Diensthund, mit den entsprechend häufigen Trainings in der Staffel, auch noch Agility machte und an den dienstfreien Tagen auf lange Wanderungen mitgenommen wurde, während derer oft und langanhaltend Stöckchen geworfen wurde. Es war also klar, dass dieser Hund definitiv zu viel Stress und zu wenig Zeit zum Erholen hatte. Nach Umstellung der Tagesaktivitäten und Einräumung längerer Ruhephasen wurde der Tellington-Touch (eine Körpertherapie für Tiere) eingesetzt und oben beschriebenes Trainingsprogramm gestartet. Nach nur 10 Tagen (mit zwei Tagen Pause während des Trainings) konnte der Hund mühelos in einer Distanz von nur 1 ½ Metern an anderen Hunden vorbeigehen, ohne sich auch nur im Geringsten aufzuregen.

AUSWEICHEN ÜBEN

Während der Fotoarbeiten zu diesem Buch begegnete uns dieser Rollstuhlfahrer mit seinem Hund. Er sah den Mann mit seinem großen Hund auf dem Gehweg stehen und noch ehe dieser ausweichen konnte, um ihm Platz zu machen, wich er in einem Bogen über die Straße aus und nahm seinen Hund ganz selbstverständlich auf seine dem Bürgersteig abgewandte Körperseite.

Wir beobachteten die Szene gespannt und unsere Fotografin drückte geistesgegenwärtig auf den Auslöser. Nachdem er vorbei war, liefen wir hinter ihm her, stellten uns vor und fragten ihn, warum er so reagiert habe. Er sah uns erstaunt an und sagte, das sei doch ganz klar, da er den großen Hund ja nicht kenne und deshalb lieber „erst mal einen Bogen" mache. Seinen Hund nehme er auf die abgewandte Seite, damit er so eine Art „Schutzschild" für ihn, den deutlich kleineren, ist. Der wisse das auch und fühle sich dann sicherer.

Auf Nachfrage antwortete er, mit dem Thema Beschwichtigungssignale unter Hunden habe er sich noch nie beschäftigt – er habe einfach so reagiert, wie er es für seinen Hund am besten fand. Wir waren sehr beeindruckt von dem harmonischen Zusammenspiel zwischen dem Mann und seinem Hund. Wir erzählten ihm von unserem Buchprojekt und fragten ihn, ob wir diese eben von ihm gemachten Aufnahmen dafür verwenden dürften, und er stimmte zu.

PARALLEL LAUFEN

Eine Variante des Bogenlaufens ist das Laufen in parallelen Bahnen. Auch hier geht es wieder darum, ausreichend viel Distanz zwischen Ihren Hund und den auslösenden Reiz zu bringen.

Der Ablauf der Übung ist ansonsten gleich mit der des Bogenlaufens. Lassen Sie Ihren Hund zu dem anderen Hund hinsehen, loben Sie ihn hierfür sanft und freundlich, lassen Sie ihn in aller Ruhe am Wegesrand oder an Gegenständen schnüffeln.

ANNÄHERUNG IN SCHLANGENLINIEN

Eine andere Übung besteht darin, sich in Schlangenlinien anzunähern. Hunde können es leicht als Provokation empfinden, wenn sich ein Gegenüber zu schnell und zu frontal annähert. Deshalb bietet sich diese Übung besonders bei Hunden an, die dazu neigen, zu schnell auf andere zuzustürzen, oder auch für solche, die Angst bekommen, wenn ein anderer auf sie zustürzt.

Sie suchen sich wieder ein ausreichend großes Gelände und positionieren sich mit Ihrem Hund und den Trainingspartner mit seinem Hund wie im ersten Bild beschrieben. Dann laufen Sie in langsamen, ruhigen Schlangenlinien auf den anderen Hund zu und gehen in einem kleinen Bogen zurück, sobald einer der Hunde beginnt, sich unwohl zu fühlen.

Wiederholen Sie die Übungen einige Male und achten Sie darauf, ob Ihr Hund ruhiger wird. Falls ja, können Sie die Rollen tauschen. Sie bleiben stehen, der andere Hund nähert sich in Schlangenlinien. Sobald sich einer der Hunde unsicher fühlt, dreht die sich annähernde Person ab und versucht nach einer kleinen Pause einen neuen Durchgang.

Nicht immer, wenn einer der Hunde ein Beschwichtigungssignal zeigt, muss man die Übung gleich beenden. Es gibt stärker und weniger stark ausgeprägte Signale. Leckt Ihr Hund sich zum Beispiel kurz über den Fang oder blinzelt er kurz, bleibt aber ansonsten noch entspannt, so können Sie ruhig weitermachen. Wenn einer der Hunde aber den Kopf oder sogar die ganze Körperseite abdreht, sollten Sie die Distanz nicht noch weiter verringern. Gehen Sie im Bogen zurück.

Beachten Sie:

- Beschwichtigt einer der Hunde stark oder droht er sogar, sind Sie zu schnell vorgegangen. Der Hund ist noch nicht so weit.
- Diese Übung ist sehr gut geeignet, das Tempo aus Begegnungen herauszunehmen.
- Oftmals entstehen Probleme daraus, dass sich einer der Hunde durch eine zu schnelle Annäherung des anderen bedroht fühlt und deshalb in die Verteidigungsbereitschaft geht.

Beispiel:

Eine junge Frau hatte einen weiblichen Cockerspaniel, der sehr ängstlich auf andere Hunde reagierte. Die Hündin wurde immer dann aggressiv, wenn sich andere Hunde schnell annäherten, selbst wenn dies in eindeutig spielerischer Absicht war. Sie flüchtete dann und ging zum Angriff über, wenn der andere Hund sie einholte. Noch schlimmer gebärdete sie sich, wenn sie bei der Annäherung eines anderen Hundes angeleint war. Sie fletschte die Zähne und biss hektisch um sich, weshalb sie überall als aggressiv verschrien war. Wie die Besitzerin während des ersten Gespräches erzählte, verstand sie sich aber mit einigen Hunden schon – sie konnte nur nie vorher sagen, mit welchen und mit welchen nicht.

Mit der Hündin wurde in oben beschriebener Weise trainiert, da sich aus den Erzählungen der Frau der Verdacht ergab, dass sie eigentlich nur dann überfordert war und abwehrend reagierte, wenn sich der andere Hund zu schnell näherte. Tatsächlich war es auch so. Die Frau achtete in Zukunft darauf, dass sich Hundebegegnungen langsam und in Bögen oder Schlangenlinien laufend anbahnten. Die Hündin wurde zunehmend entspannter und sicherer im Umgang mit anderen Hunden und kann inzwischen (2 Jahre später) sogar gut damit umgehen, wenn sich ein anderer Hund schnell nähert. Sie dreht sich dann seitlich zu diesem und nimmt dadurch das Tempo aus der Begegnung. Seit 1½ Jahren kommt sie einmal pro Woche in die gemischte Hundegruppe (8 Teilnehmer). Sieht man sie dort mit den anderen Hunden toben, kann man sich kaum vorstellen, dass dieser Hund früher Probleme bei der Begegnung mit Artgenossen hatte.

Erscheint einem Hund eine Situation zwischen zwei Individuen zu eng oder zu konfliktgeladen, so wird er versuchen zu splitten. Dabei bringt er sich zwischen die beiden anderen – das können Menschen, Hunde oder auch andere Tiere sein.

So sprang zum Beispiel der Border Collie Sam immer aufgeregt an seinem Frauchen hoch, wenn sich diese mit ihrem Pferd beschäftigte. Die Frau glaubte nun, ihr Hund sei eifersüchtig und bettele um Zuwendung. Das war aber gar nicht der Grund. Ihr Hund empfand die Nähe zwischen diesem großen, für ihn ungewöhnlichen Tier und seinem Frauchen als gefährlich und wollte deshalb mehr Abstand zwischen die beiden bringen.

Dieses Splitten kann man im Training auf vielerlei Weise gut einsetzen. Haben Sie zum Beispiel einen Hund, der auf andere Hunde oder auch auf Menschen ängstlich reagiert, so können Sie durch die folgende Übung helfend eingreifen:

Bringen Sie zunächst mehrere Personen zwischen Ihren Hund und den anderen und laufen Sie so ein Stück. Sobald sich Ihr Hund an die Anwesenheit des anderen gewöhnt hat, können Sie nach und nach eine Person entfernen, bis die Hunde schließlich nebeneinander laufen. So können Sie dem ängstlichen Hund Zeit geben, sich an die Anwesenheit des anderen zu gewöhnen. Diese Übung ist ebenfalls dazu geeignet, das Tempo aus einer Begegnung zu nehmen.

Diese Frau stellt sich schützend vor ihren unsicheren Hund und splittet damit zwischen ihm und der sich annähernden Spaziergängerin.

Nähert sich Ihnen ein fremder Hund oder Mensch, auf den Ihr eigener Hund ängstlich und/ oder abwehrend reagiert, so können Sie sich zwischen die beiden bringen und mit einer entsprechenden Handbewegung splitten. Dadurch vermitteln Sie Ihrem Hund Sicherheit.

! Sie zeigen ihm sozusagen, dass er sich nicht ängstigen und aufregen muss, da Sie die Verantwortung für die Situation übernehmen und sich schützend vor ihn stellen. Hier sind wir bei einem ganz wichtigen Punkt. Sie geben Ihrem Hund das Gefühl, die Situation im Griff zu haben und ihn zu schützen, zeigen ihm auf ruhige und souveräne Art und Weise, dass er sich auf Sie verlassen kann. Ihr Hund lernt, dass Sie die Begegnung richtig einschätzen können und für ihn da sind. Kaum etwas baut so viel Vertrauen und Nähe zwischen einem Hund und seinem Menschen auf!

Haben Sie zunächst gesplittet, können Sie nun entscheiden, wie Sie die Situation weiter gestalten möchten. Ist Ihr Hund bereits sehr aufgeregt, können Sie wieder mehr Distanz herstellen, damit er sich beruhigen kann. Scheint er noch halbwegs gelassen, weil Sie frühzeitig genug eingreifen konnten, können Sie ihn nun schrittweise an die Begegnung heranführen. Dies sind natürlich nur Beispiele, Sie müssen immer den Lösungsweg wählen, der der Situation angemessen ist.

MANAGEMENTMASSNAHMEN

Eine dieser Lösungen können Managementmaßnahmen sein. Diese sind vor allem dann erforderlich, wenn Sie mit Ihrem Hund zwar schon ein Trainingsprogramm begonnen haben, aber das Verhalten, an dem Sie arbeiten, noch fortbesteht. An diesem Punkt des Trainings ist es wichtig, das Verhalten möglichst nicht auszulösen, damit Ihr Hund nicht immer wieder in die unerwünschten Handlungen kippt, weil er mit der Situation überfordert ist.

Wenn Ihr Hund zum Beispiel Angst vor Menschen hat, müssen Sie Managementmaßnahmen ergreifen, die die Situationen für ihn leichter erträglich machen. Bekommen Sie Besuch, weisen Sie diesen an, sich nicht über den Hund zu beugen, ihn nicht anzufassen usw. Wenn Sie in die Stadt oder zum Essen gehen, lassen Sie Ihren Hund zu Hause, damit er nicht ständig mit dem Angst auslösenden Reiz (in diesem Fall fremde Menschen) konfrontiert wird.

Fürchtet sich Ihr Hund vor dem Bügelbrett, der Waschmaschine oder irgendeinem anderen Gegenstand, so vermeiden Sie, diesen Gegenstand in unmittelbare Nähe Ihres Hundes zu bringen. Denken Sie daran, dass Reizüberflutung kein geeignetes Mittel ist, Ihrem Hund die Angst zu nehmen – im Gegenteil.

Reagiert Ihr Hund aggressiv auf andere Hunde, vermeiden Sie deshalb auch zunächst Begegnungen mit diesen. Fahren Sie in eine Gegend, in der Sie weit übersehen können, ob sich dort ein anderer Hund aufhält, um rechtzeitig ausweichen zu können. Das soll ja nicht für immer so sein, sondern nur für eine Übergangszeit, bis sich Ihr Hund so weit erholt hat, dass sein Stresslevel heruntergefahren ist und Sie mit einem effizienten Trainingsprogramm beginnen können.

Vorübergehend kann es wichtig sein, dort spazieren zu gehen, wo man niemanden trifft, um eventuellen Auslösereizen im wahrsten Sinne des Wortes „aus dem Weg" zu gehen.

Wenn Sie bei diesem Trainingsprogramm einen professionellen Trainer zu Hilfe nehmen, sollten Sie darauf achten, dass auch dieser das unerwünschte Verhalten nicht absichtlich abruft. Oftmals wird behauptet, der Trainer müsse das Verhalten erst mal sehen, ehe er es beurteilen könne. Das ist Unsinn! Ein Trainer, der nicht weiß, wie ein Hund aussieht, der aggressiv nach vorne geht, weil er mit einer Situation überfordert ist, ist mit an Sicherheit grenzender Wahrscheinlichkeit kein Profi. Weshalb? Nun, stellen Sie sich vor, Sie hätten ein Kind, das verhaltensauffällig ist. Es geht nur unregelmäßig zur Schule und beschäftigt sich in seiner Freizeit damit, im Kaufhaus zu klauen. Sie haben alles Mögliche versucht, das Problem in den Griff zu bekommen. Sie haben versucht, mit Ihrem Kind vernünftig zu reden, Sie haben Strafsanktionen wie Stubenarrest verhängt, nichts hat geholfen und Sie wissen einfach nicht mehr weiter. Schließlich entscheiden Sie sich, einen Kinderpsychologen aufzusuchen, der Sie bei der Lösung dieser Probleme professionell beraten soll. Das Hauptproblem ist, wie gesagt, dass Ihr Kind klaut. Nun stellen Sie sich mal vor, der Kinderpsychologe würde Ihnen vorschlagen, mit Ihrem Kind in ein Kaufhaus zum Klauen zu gehen, um sich das unerwünschte Verhalten erst einmal anzusehen. Würden Sie den Mann nicht für verrückt erklären?! Würden Sie ihn nicht – zu Recht – fragen, ob er sich nicht vorstellen kann, wie das aussieht?! Würden Sie nicht von ihm wissen wollen, ob er bereit ist, die Konsequenzen zu tragen, wenn Ihr Kind gerade dieses Mal beim Klauen erwischt wird und es zur Anzeige kommt?! Und würden Sie sich nicht vor allem fragen, ob es sinnvoll ist, wenn Ihr Kind jetzt schon wieder klaut?!

Ebenso ist es mit Ihrem Hund. Ein Trainer, der sich nicht vorstellen kann, wie sich ein Hund verhält, der aggressiv nach vorne geht, weil er mit einer Situation überfordert ist, und der nicht weiß, dass man diese Situation unbedingt vermeiden sollte, um das Verhalten nicht noch weiter zu etablieren, ist bestimmt kein Profi.

Stimmen Sie auch nicht zu, dass Ihr Hund zur Behebung des Problems an einem Gruppentraining teilnimmt, schon gar nicht, wenn es sich dabei um eine so genannte „Rowdy-Gruppe“ oder „Rüpel-Gruppe“ handelt. Hiermit sind Gruppen gemeint, in der alle Teilnehmer irgendwelche größeren oder kleineren Probleme im Umgang mit Artgenossen haben.

Wenn wir wieder das Beispiel Ihres klauenden, die Schule schwänzenden Kindes vor Augen haben, würde dies in etwa heißen, dass Ihnen Ihr Kinderpsychologe vorschlägt, Ihr Kind in eine Wohngemeinschaft mit lauter schwer erziehbaren Jugendlichen ohne individuelle Betreuung zu geben. Käme Ihnen das nicht absurd vor?

DAS ARBEITEN AM ZAUN

Eine Übung, die sich als äußerst erfolgreich herausgestellt hat, ist das Arbeiten am Zaun. Wenn Ihr Hund sich einem vorher problematischen Reiz schon relativ dicht annähern kann, ohne überfordert zu sein und in Abwehrbereitschaft zu fallen, können Sie ihn durch einen Zaun noch näher an diesen Reiz heranbringen.

Gehen wir wieder von einem Hund aus, der auf andere Hunde negativ reagiert. Wenn Sie über das „Changing the Association"-Programm und die anderen Übungen so weit gekommen sind, dass Sie sich mit ihm einem anderen Hund bis auf drei oder vier Meter nähern können, ohne dass es zu überschießenden Reaktionen kommt, können Sie versuchen, die beiden noch näher zusammenzubringen.

Jeder Hund befindet sich auf einer Seite des Zaunes. Sie sind, wie in der Fotoserie zu sehen, zusätzlich splittend dazwischen. Der Zaun gibt in mehrfacher Hinsicht Sicherheit. Ihr Hund (und auch der andere!) weiß genau, dass er durch den Zaun geschützt ist. Für viele Hunde ist es so viel einfacher, sich dem anderen anzunähern, weil ja so eine Art Sicherheitsbarriere dazwischen ist.

Versuchen Sie nun eine stückweise Annäherung, indem Sie zum Beispiel jedem der Hunde immer abwechselnd ein Leckerchen geben. Fordern Sie Ihren Hund aber nicht auf, dicht an den Zaun zu gehen, sondern lassen Sie ihn selbst entscheiden, wie nahe er dem anderen kommen möchte. Nach mehreren entspannten Durchgängen ist es dann oft möglich, dass die Hunde direkt zusammenkommen.

Das heißt aber nicht, dass es sinnvoll wäre, sie gleich miteinander spielen zu lassen, denn zu viel Tempo kann die Situation aufheizen und gleich wieder zum Kippen bringen. Ein ruhiger gemeinsamer Spaziergang an der Leine mit gelegentlichen Schnüffelkontakten wäre angemessener.

Die Hündin rechts im Bild reagierte bis vor kurzem noch sehr unsicher auf andere Hunde. Mit der „Sicherheitsbarriere" Zaun fühlt sie sich wohler und kann dem fremden Hund entspannt begegnen.

DENKEN SIE DARAN, DIE LEINE RICHTIG EINZUSETZEN

Für alle Übungen gilt: Falls Ihr Hund an der Leine ist, achten Sie darauf, dass diese zu jedem Zeitpunkt des Trainings möglichst locker bleibt. Zerren Sie den Hund nicht zurück, wenn er nach vorne geht. Sollte Ihr Hund grundsätzlich nicht leinenführig sein, empfehlen wir Ihnen das Buch von Turid Rugaas „Hilfe, mein Hund zieht". Hier finden Sie viele gute Tipps, die Sie schnell zum gewünschten Trainingserfolg bringen.

So ist das Laufen an der Leine anstrengend für Mensch und Hund.

Diese beiden laufen entspannt.

BAUEN SIE EIN SIGNAL ZUR FREIFOLGE AUF

Ein weiteres sehr nützliches Arbeitsmittel ist der Aufbau eines Signals, das Ihren Hund veranlasst, mit Ihnen in die eingeschlagene Richtung zu gehen. Welches Signal Sie hierfür verwenden, bleibt Ihnen überlassen. Es sollte aber jederzeit reproduzierbar sein. Mit anderen Worten: Benutzen Sie einen kleinen leisen Pfiff nur dann, wenn Sie jederzeit pfeifen können – auch wenn Sie zum Beispiel trockene Lippen haben. Sie können aber auch mit der Zunge schnalzen oder sich auf den Schenkel klopfen.

Sie bauen dieses Signal folgendermaßen auf:

Nehmen wir an, Sie haben als Signal einen leisen Pfiff gewählt. Stellen Sie sich direkt vor den Hund, pfeifen Sie kurz und geben Sie Ihrem Hund sofort ein Leckerchen, wenn er Sie neugierig anschaut. Das wiederholen Sie mehrere Male, während der Hund in Ihrer unmittelbaren Nähe steht. Dann warten Sie, bis er sich ein paar Meter von Ihnen entfernt hat und wiederholen die Übung. Sie werden sehen, dass sich Ihr Hund schnell umdreht und zu Ihnen gelaufen kommt, da er ja inzwischen gelernt hat, dass er etwas Leckeres bekommt, wenn er dieses Signal hört. Nachdem Sie zunächst mit nur geringer Entfernung und mit keinen oder wenigen Ablenkungsreizen gearbeitet haben, steigern Sie jetzt beides, bis Ihr Hund schließlich auch bei hoher Ablenkung und/ oder größerer Entfernung reagiert, wenn er den Pfiff hört.

Jetzt können Sie dieses Signal auch als Trainingsmittel einsetzen. Nehmen wir an, Ihr Hund sieht in einiger Entfernung einen Jogger und Sie wissen, dass er zu diesem eventuell hinrennt und ihn verbellt, wenn Sie nicht eingreifen. Bevor es dazu kommt, dass Ihr Hund ein unerwünschtes Verhalten zeigt, geben Sie das Signal und verändern Sie die Richtung so, dass Sie zum Beispiel einen Bogen um den Jogger machen oder den Weg wechseln. Wichtig dabei ist, dass Ihr Hund diese Begegnung positiv verknüpfen wird, denn in dem Augenblick, in dem er den Jogger beobachtet, kommt ein für ihn mit positiven Assoziationen verknüpftes Signal und ein Leckerchen, wenn er mit Ihnen mitgeht.

Sie erreichen ebenfalls, dass Ihr Hund den Jogger nicht jagt, wenn Sie ihm ein strenges „NEIN!" entgegensetzen und ihn dann auffordern, mit Ihnen woanders langzugehen. Jetzt hat der Hund die Situation aber negativ verknüpft, nämlich: „Wenn ein Jogger auftaucht, wird Herrchen/ Frauchen gereizt und streng – also bedeuten Jogger nichts Gutes."

Mit anderen Worten: Im ersten Beispiel werden Sie schon nach wenigen Wiederholungen zu dem Trainingsergebnis kommen, dass Ihr Hund Sie erwartungsvoll anschaut, wenn er einen Jogger sichtet, denn er wartet schon geradezu auf das Signal und das anschließend folgende Leckerchen. Im zweiten Beispiel erhalten Sie einen Hund, der den Anblick von Joggern negativ verknüpft hat, was wiederum die Chancen erhöht, dass er zu diesem hinrennen und ihn verbellen will.

DER HUND IM TIERHEIM

Alle in diesem Buch beschriebenen Übungen und Trainings werden genauso durchgeführt, wenn Sie mit einem Hund arbeiten möchten, der in einem Tierheim untergebracht ist. Folgende Punkte sind aber zusätzlich zu beachten:

- Bedenken Sie, dass der Stresslevel dieses Hundes wesentlich höher liegen kann als bei einem Hund, der ein ganz normales Zuhause hat. Eventuell hat der Hund gerade seinen Besitzer verloren, muss sich erst an die neue Lebenssituation gewöhnen usw. Deutliche Stress-Symptome sind zum Beispiel das Beißen in die Leine, wenn der Hund ausgeführt werden soll, oder eine erhöhte Abwehrbereitschaft.

- Gehen Sie nicht einfach in einen Zwinger, ohne sich vorher mit dem Hund gut bekannt gemacht zu haben. Sie unterschreiten gleich mehrere Distanzen (Individualdistanz, Territoriumsdistanz, evtl. Beutedistanz, wenn Futter herumliegt), ohne zu wissen, wie der Hund darauf reagiert. Zusätzlich hat der Hund auf Grund der räumlichen Enge kaum die Möglichkeit, Ihnen auszuweichen, selbst wenn er dies möchte.

- Stimmen Sie keinesfalls irgendwelchen „Wesenstests" zu, die Ihnen angeblich Auskunft darüber geben, ob der Hund friedlich und sozialverträglich ist oder nicht. Abgesehen davon, dass fast alle diese Tests nicht wirklich aussagefähig sind, sind sie praktisch immer unfair. Der Hund wird nämlich in bedrohliche Situationen gebracht und bewusst provoziert. Reagiert er dann schließlich (meistens aus Angst und/ oder Stress), sagt man ihm nach, aggressiv und *nicht* wesensfest zu sein.

Sie lernen den Hund wesentlich besser kennen, wenn Sie Zeit mit ihm verbringen, ihn genau beobachten und behutsam sein Vertrauen gewinnen.

Ein Beispiel:

Asman, ein Husky-Schäferhund-Mix wurde von seinem Besitzer im Tierheim abgegeben. Der Hund war sehr verängstigt, extrem gestresst und hatte große Schwierigkeiten, sich mit den vollkommen veränderten Lebensumständen abzufinden. Da er ein besonders schöner und imposanter Hund ist, interessierte sich eine der Pflegerinnen für ihn. Gleich am Tag der Ankunft wollte sie ihn aus dem Zwinger holen, um sich ein wenig mit ihm zu beschäftigen. Als sie die Zwingertür öffnete, zog sich Asman zurück und knurrte gewaltig. Die Pflegerin meinte nun, ihm beweisen zu müssen, dass sie sich so ein Verhalten nicht gefallen lassen und ihm keinesfalls den „Erfolg" gönnen würde, sie zu vertreiben. Sie ging in den Zwinger und redete auf den in die Ecke gezwängten Hund ein. Asman wurde auch tatsächlich ruhiger und so versuchte die Frau, ihn zu streicheln. In dem Moment, als sie die Hand nach ihm ausstreckte, biss Asman zu. Von nun an galt er als unberechenbarer Beißer. Interessierte sich jemand für ihn, wurde er abgewiesen, weil dieser Hund zu gefährlich für eine Vermittlung sei. Etwa zwei Monate später wurde ein Tierpsychologe gerufen. Dieser schaute auf den Hund, hörte sich die blumig ausgeschmückten Erzählungen der Tierpflegerin an und deutete Asmans Verhalten als eindeutig dominante Territoriumsverteidigung. Er wolle Asman trainieren, damit das Tier danach wieder eine Chance auf Vermittlung hätte. Wirklich böse sei der Hund ja nicht, er müsse nur Manieren beigebracht kriegen. Mit Zustimmung des Vorstandes des Tierschutzvereins wurde Asman mit einer Fangschlinge aus dem Zwinger geholt, kriegte einen Maulkorb und ein Würgehalsband verpasst und musste auf der Trainingswiese des Tierheims Übungen machen, die von heftigen Leinenrucks und nicht weniger heftigem Herumbrüllen begleitet wurden. Machte er eine Übung nicht, so „verweigerte" er nach Ansicht des Trainers, was nur umso mehr unter Beweis stellte, dass er dominant sei. Reagierte er auf die heftigen Leinenrucks mit einem Abwehrschnappen, wurde er mit der Leine geschlagen, musste noch ein paar zusätzliche „bei Fuß"-Übungen laufen und wurde dann in den Zwinger zurückgebracht. Man könnte sich wirklich fragen, ob es sich tatsächlich um einen Tierpsychologen oder eher um einen Tierpsychopathen handelte, denn seine Fixiertheit auf das Thema Dominanz hatte offensichtlich schon regelrecht krankhafte Züge angenommen. Und das alles wurde vom Tierheim nicht nur geduldet, sondern auch noch bezahlt! Wie dem auch sei...

Schon bald knurrte Asman, wenn nur jemand in die Nähe seines Zwingers kam. Was natürlich wieder als unberechenbar, gefährlich und dominant-aggressiv bewertet wurde. Der Trainer gab den Hund als hoffnungslosen Fall auf, die Pfleger waren dem Hund gegenüber inzwischen so misstrauisch geworden, dass sich niemand mehr zu ihm hineinwagte. Das Futter wurde mit einem Schieber hineingeschoben und der leere Napf wieder herausgeholt, wenn Asman durch die Klappe im Außenzwinger war. Kontakt zu anderen Hunden hatte er auch nicht, denn es wurde gleich mal angenommen, dass ein so dominanter, unberechenbarer Hund sicher auch aggressiv zu Artgenossen ist. Es wurde nie ausprobiert und so saß Asman vollkommen isoliert 1 ½ Jahre in seinem Zwinger! Kein Kontakt zu Menschen oder zu Hunden, keine Spaziergänge, nichts.

Schließlich wurde ein neuer Pfleger eingestellt. Er interessierte sich für Asmans Geschichte und wollte – Gott sei Dank – nicht glauben, dass dieser Hund soooo gefährlich sei. Im Laufe von 6 Wochen konnte er Asmans Vertrauen so weit gewinnen, dass dieser sich freute, wenn er sich vor den Zwinger stellte und mit ihm sprach. Nach weiteren vier Wochen der täglichen Begegnung durch die Zwingertür nahm Asman von sich aus Kontakt auf, indem er vorsichtig mit eingeklemmter Rute angekrochen kam, wenn der Pfleger ihn sanft rief. Wollte er ihn dann aber streicheln, knurrte Asman sofort und verzog sich wieder in seine Ecke. Der Mann gab nicht auf und nach weiteren Wochen kam der Hund nicht nur freudig an die Zwingertür, sondern ließ sich auch durch das Gitter anfassen. Der Pfleger entschied sich, Asman als seinen Hund zu sich zu nehmen, und setzte dies auch gegen den Widerstand der Tierheimleitung durch, die noch immer glaubte, es sei zu gefährlich, den Hund zu vermitteln.

Er ließ ihm viel Zeit und Ruhe, baute zerstörtes Vertrauen wieder auf, machte viele der Übungen, die in diesem Buch beschrieben sind, schrieb alles genau auf und zeigte neben Verständnis und Geduld viel Fachverstand im Umgang mit Asman. Aber vielleicht war das Wichtigste, dass er zu jedem Zeitpunkt davon überzeugt war, dass dies sein Hund sei. Er hatte nie Zweifel daran, dass er und Asman zusammengehörten und dass dieser Hund einfach nur einen fairen und liebevollen Umgang brauchte, um „an der Seele gesund zu werden".

Asman und sein Herrchen sind einen langen Weg miteinander gegangen. Die beiden leben seit nunmehr fünf Jahren zusammen. Es gibt keine nennenswerten Probleme mehr. Asman ist mit allen Hunden verträglich, läuft fast immer ohne Leine, da er sehr gut gehorcht, und zeigt keinerlei Aggressionen gegenüber Menschen, solange sie nicht dem Erscheinungsbild dieses Tierpsychologen ähneln. Trifft er auf solche Personen, brummt er gewaltig und macht einen großen Bogen. Sein Herrchen lässt ihn, denn er kennt seine Geschichte. Wenn Sie sich nun fragen, warum wir geschrieben haben, es gäbe keine „nennenswerten" Probleme – Asman hat furchtbare Angst vor dem Tierarzt, weshalb jeder Besuch dort zu einem ziemlichen Theater ausartet. „Na ja, das ist aber bei vielen Hunden so, oder?!", meint sein Herrchen und zuckt mit den Schultern. Ja, meinen wir auch.

Wenn wir an Asman denken, fragen wir uns oft, wie viele Hunde mit ähnlicher Geschichte wohl in Tierheimen irgendwo in der Welt darauf warten, von ihrem Menschen gefunden zu werden. Jemand, der an sie glaubt und sie da rausholt...

DAS ARBEITEN AN DEN GERÄTEN

In einigen Fällen kann es sinnvoll sein, an einem Hindernisparcours zu arbeiten. Allerdings meinen wir damit nicht so etwas wie Agility. Agility hat den Nachteil, dass der Hund durch das hohe Tempo, das ständige Anfeuern und den Erwartungsdruck des Besitzers, den Parcours auch „richtig“ zu bewältigen, enorm gestresst wird. „Richtig“ heißt in diesem Fall, dass er die Geräte in einer bestimmten Reihenfolge und einem vorgegebenen Tempo ablaufen soll. Dabei wird auch noch Wert darauf gelegt, bestimmte Farbtafeln auf den Geräten zu berühren usw. usw.

Uns geht es beim Arbeiten am Hindernisparcours genau um das Gegenteil. Die Regeln lauten wie folgt:

- Richtig oder falsch gibt es nicht. Alles, was der Hund an den Geräten tut, ist in Ordnung und wird gelobt.

- Ebenso gibt es keine Gewinner, denn dort, wo es Gewinner gibt, gibt es auch Verlierer und dort, wo es Gewinner und Verlierer gibt, setzt der Ehrgeiz des Menschen ein und dort, wo der Ehrgeiz des Menschen einsetzt, zahlt der Hund schnell drauf. Die einfachste Lösung für dieses Problem: Es gibt keine Wettkämpfe, keine Urkunden, gar nichts. Nur Spaß am gemeinsamen Tun.

- Da sind wir gleich beim nächsten Punkt, dem gemeinsamen Tun. Der Hund und sein Mensch laufen den Parcours gemeinsam ab und lassen sich dabei alle Zeit der Welt, denn...

- ...statt den Hund in atemberaubendem Tempo über die einzelnen Elemente rasen zu lassen, geht es hier um konzentrierte Langsamkeit. Das bedeutet, der Hund soll sich seiner Handlung wirklich bewusst sein. Er darf stehen bleiben und sich umschauen. Er darf abbrechen, wenn er keine Lust mehr hat, oder das Gerät ein zweites und drittes Mal durchlaufen, wenn er großen Spaß daran hat.

Ziel des Arbeitens an den Geräten ist,

- durch das gemeinsame Erarbeiten das Zusammengehörigkeitsgefühl des Mensch-Hund-Teams zu stärken;

- die Aufmerksamkeit des Menschen auf das zu lenken, was der Hund alles kann und gut macht;

- das Selbstbewusstsein des Hundes zu stärken;

- Spaß zu haben!

Außerdem kann das Arbeiten am Hindernisparcours dazu genutzt werden, die Aufmerksamkeit des Hundes auf die Geräte zu fokussieren und nicht auf einen eventuell vorhandenen anderen Hund. Während der Hund also am Parcours arbeitet, kann ein anderer Hund anwesend sein, der vom zu trainierenden auch wahrgenommen wird. Wie immer darf er diesen auch anschauen. Da er aber auf seine Aufgabe konzentriert ist, wird er sich nicht so schnell auf den anderen „einschießen" und ins Fixieren kommen. Achten Sie aber darauf, dass eine ausreichend große Distanz zwischen den Hunden erhalten bleibt.

GEDANKEN ZUM SCHLUSS

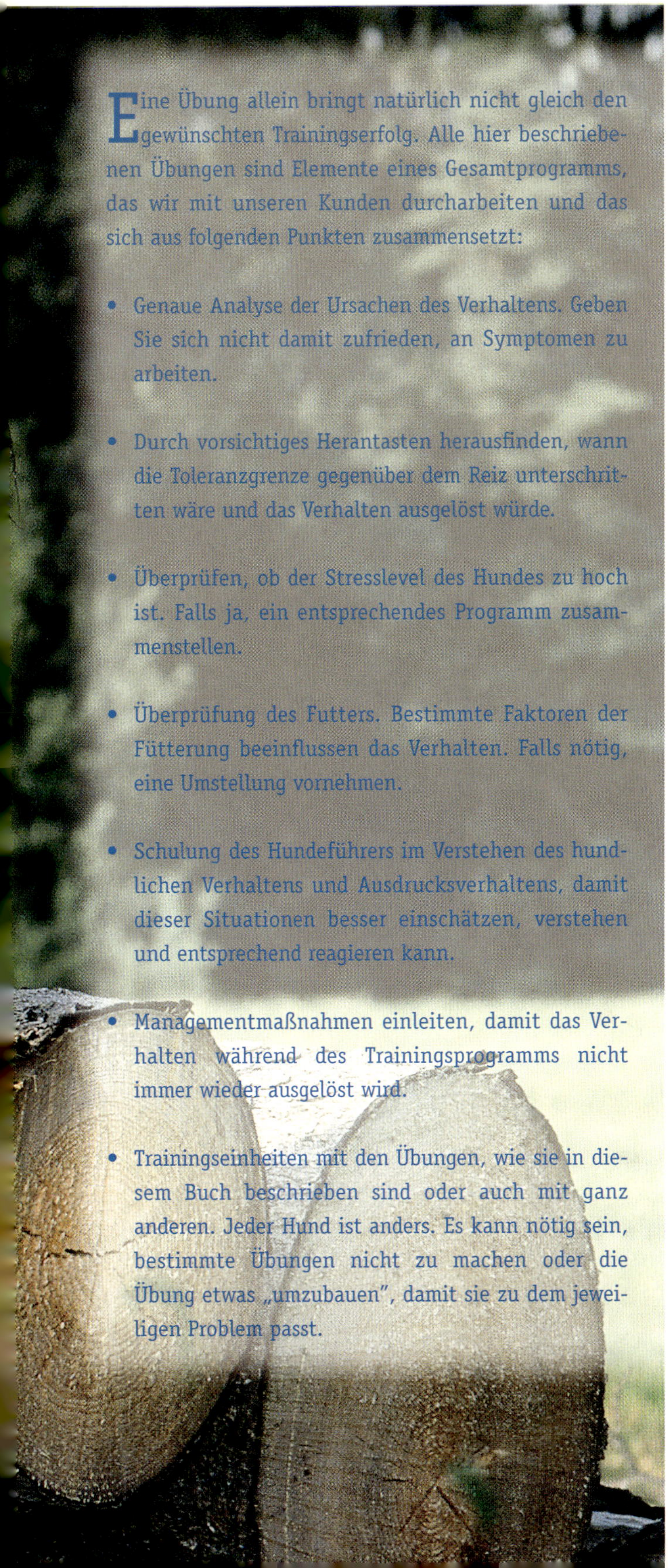

Eine Übung allein bringt natürlich nicht gleich den gewünschten Trainingserfolg. Alle hier beschriebenen Übungen sind Elemente eines Gesamtprogramms, das wir mit unseren Kunden durcharbeiten und das sich aus folgenden Punkten zusammensetzt:

- Genaue Analyse der Ursachen des Verhaltens. Geben Sie sich nicht damit zufrieden, an Symptomen zu arbeiten.

- Durch vorsichtiges Herantasten herausfinden, wann die Toleranzgrenze gegenüber dem Reiz unterschritten wäre und das Verhalten ausgelöst würde.

- Überprüfen, ob der Stresslevel des Hundes zu hoch ist. Falls ja, ein entsprechendes Programm zusammenstellen.

- Überprüfung des Futters. Bestimmte Faktoren der Fütterung beeinflussen das Verhalten. Falls nötig, eine Umstellung vornehmen.

- Schulung des Hundeführers im Verstehen des hundlichen Verhaltens und Ausdrucksverhaltens, damit dieser Situationen besser einschätzen, verstehen und entsprechend reagieren kann.

- Managementmaßnahmen einleiten, damit das Verhalten während des Trainingsprogramms nicht immer wieder ausgelöst wird.

- Trainingseinheiten mit den Übungen, wie sie in diesem Buch beschrieben sind oder auch mit ganz anderen. Jeder Hund ist anders. Es kann nötig sein, bestimmte Übungen nicht zu machen oder die Übung etwas „umzubauen", damit sie zu dem jeweiligen Problem passt.

- Die ganze Zeit über ein Trainingstagebuch führen.

- Hundeführer und Trainer sollten gut zusammenarbeiten, um einen optimalen Trainingserfolg für den Hund zu erzielen.

- Immer nur ein Problem bearbeiten.

- Nach den ersten kleinen Trainingserfolgen das Generalisieren nicht vergessen. Hat Ihr Hund gelernt, auf dem Übungsgelände ruhig zu bleiben, wenn ein anderer Hund vorbeigeht, heißt dies noch lange nicht, dass er jetzt generell ruhig bleibt, wenn ein Artgenosse vorbeikommt. Generalisieren Sie die Orte, die Personen, die Handlungen, bis Ihr Hund mit den Reizen gut umgehen kann. Denken Sie aber daran, dass es nicht zu einer Reizüberflutung kommen darf. Verändern Sie immer nur ein Element des Trainings, dann wissen Sie auch gleich, wo der Fehler liegt, falls es nicht geklappt hat.

- Während des gesamten Trainings sind in erster Linie Sie und in zweiter Linie Ihr Trainer für die Sicherheit und das Wohlbefinden Ihres Hundes verantwortlich. Werden neue Übungen vorgeschlagen, fragen Sie sich immer, ob die Übungen so aufgebaut sind, dass der Hund sie auch wirklich verstehen kann, und ob Sie selbst so behandelt werden wollten, wenn Sie der Hund wären. Wenn Sie eine dieser Fragen mit „nein" beantworten, stimmen Sie dem Training nicht zu und fragen Sie erst noch einmal genauer nach, welche Ziele verfolgt werden und warum so und nicht anders trainiert wird.

Manchmal kommen Kunden in unsere Hundeschulen, die vorher andere Trainer besucht haben. Oftmals hören wir uns dann an, dass der Hund mit Leinenruck, Strafreizen, unsinnigen Gehorsamsübungen zur Unterdrückung der angeblichen Dominanz usw. traktiert wurde. Und ebenso oft hören wir: „Wir wissen auch nicht, warum wir das alles mitgemacht haben. Der Trainer sagte, das müsse so sein, aber unser Hund hat uns richtig leid getan."

! Achten Sie auf Ihr Bauchgefühl und hören Sie auf das, was Ihnen der gesunde Menschenverstand sagt. Geben Sie die Verantwortung nicht an Dritte ab. Es ist Ihr Hund, der Ihnen anvertraut ist. Passen Sie gut auf ihn auf.

Auch wenn die in diesem Buch beschriebenen Übungen in der Regel sehr erfolgreich sind, ist es nicht immer möglich, einem Menschen und seinem Hund zu helfen. Manchmal sind die Erwartungen, die der Mensch an seinen Vierbeiner stellt, so weit entfernt von dem, was dieser Hund leisten kann, dass wir zur Abgabe raten.

Beispiele:

Stella, eine sechsmonatige Mischlingshündin, wurde von ihren Besitzern zu uns gebracht, weil sie den Kindern gegenüber so dominant und bissig sei und sich dem Spielen verweigere. Im Beratungsgespräch stellte sich heraus, dass die Hündin für die vier Kinder der Familie im Alter zwischen zwei und neun Jahren angeschafft worden war und dass die Eltern erwarteten, dass sich der Hund von den Kindern alles gefallen lassen würde. Hierzu gehörte stundenlanges Kämmen und Frisieren, inklusive dem Anbringen von ziependen Haarschleifen, beinahe tägliches Baden, ein ständiges Herumkommandieren der jungen Hündin durch mindestens eines der Kinder. An dieser Einstellung der Eltern änderte sich auch nach einem eingehenden Beratungsgespräch über die Grundbedürfnisse eines Hundes nichts. Wir haben Stella in eine andere Familie vermittelt, die ebenfalls Kinder hat – allerdings haben die von ihren Eltern gelernt, dass auch Hunde denkende und fühlende Mitgeschöpfe sind, auf die Rücksicht genommen werden muss.

Kind und Hund können dicke Freunde werden – wenn beide gelernt haben, rücksichtsvoll miteinander umzugehen.

Charly, ein zweijähriger Border Collie, wurde von einem jungen Paar aus dem Tierheim geholt. Schon nach kurzer Zeit entwickelte er deutliche Aggressionen gegenüber anderen Rüden. Das Tierheimpersonal versicherte auf Nachfrage, dass er diese bei ihnen nicht gehabt habe. Er hatte dort sogar in einer Kleingruppe mit drei anderen Hunden gelebt, von denen zwei Rüden waren und es hatte nie Probleme gegeben. Bei einem gemeinsamen Spaziergang fanden wir den Grund für sein verändertes Verhalten schnell heraus. Er trug ein Stachelhalsband, an dem jedes Mal, wenn er einen Rüden auch nur in der Ferne sah, heftigst geruckt wurde. Jegliche Erklärungsversuche schlugen fehl, denn sowohl der Mann als auch die Frau waren der Meinung, ein Hund gehöre so erzogen, so sei es immer schon gemacht worden und anders ginge es nun mal nicht. Wir haben das Tierheim informiert, der Hund wurde sofort wieder abgeholt.

Eine ältere Dame hatte sich nach dem Tod ihres über alles geliebten Dackels einen Welpen namens „Sepperl" gekauft. Sie hatte dabei übersehen, wie anstrengend die Aufzucht eines so kleinen Rackers sein kann. Verzweifelt rief sie an und bat um Hilfe. Ziemlich schnell wurde klar, dass sie dieser Aufgabe bei allem guten Willen einfach nicht gewachsen war. Trotzdem gab es ein Happy End. Wir vermittelten der Dame einen älteren Dackelmischling aus einem der Tierheime, mit denen wir zusammenarbeiten. Der Welpe kam zu einer Familie, die bereits einen Tibet Terrier hatte und sich einen Zweithund wünschte.

Bei mangelnder Passung zwischen Mensch und Hund oder vollkommen falschen Erwartungen an das Tier kann es also wirklich sinnvoll und geradezu eine Erlösung für Mensch und Tier sein, wenn ein geeigneteres Zuhause für den Hund gefunden wird.

Glücklicherweise lassen sich aber viele Probleme lösen, manche sogar erstaunlich schnell und einfach. Manche lassen sich auch nicht oder nicht vollständig lösen, sind aber bei näherer Betrachtung gar nicht so schlimm und mit geeigneten Managementmaßnahmen im Alltag gut zu regeln. Erwarten Sie nicht zu viel von Ihrem Hund und überdenken Sie Ihre Ansprüche an das Ihnen anvertraute Tier.

Muss sich denn zum Beispiel wirklich jeder Hund mit jedem Hund vertragen? Wir sagen nein. Schließlich vertragen wir uns auch nicht mit jedem Menschen und niemand würde uns deshalb gleich als verhaltensgestört bezeichnen und zur Therapie schicken. Es gibt Sympathien und Antipathien – so ist das nun mal, bei Menschen wie bei Hunden.

Ist es wirklich so wichtig, dass Ihr Hund einen Titel bei einer Hundeausstellung oder einem sportlichen Wettkampf erringt? Muss er tatsächlich im Ortsbereich immer exakt „bei Fuß" laufen und im Lokal die ganze Zeit still und unauffällig unter dem Tisch verschwinden? Oder ist es nicht ganz normal, dass er auf einer Ausstellung nervös wird und sich dann nicht auch noch von Fremden anfassen lassen möchte, sich auch beim Stadtbesuch nach links und rechts orientieren will und einfach mal das Bedürfnis hat, sich zu bewegen, wenn Sie stundenlang beim Essen sitzen? So betrachtet, sind die Bedürfnisse unserer Hunde eigentlich ganz „menschlich".

Schrauben Sie Ihre Ansprüche also nicht zu hoch. Versuchen Sie, sich so oft wie möglich in die Lage Ihres Tieres hineinzudenken. Lernen Sie, die kleinen Schwächen und Macken Ihres Hundes zu akzeptieren und mit ihnen zu leben, so wie er mit den Ihren lebt, denn

DEN PERFEKTEN HUND GIBT ES EBENSO WENIG WIE DEN PERFEKTEN MENSCHEN.

DANK

Unser Dank gilt allen Hunden, Katzen, Pferden und anderen Tieren, die uns täglich als geduldige Lehrmeister zur Seite stehen. Wir empfinden es als eine große Bereicherung, mit ihnen zusammenleben und arbeiten zu können. Manchmal fragen wir uns nach einer Trainingsstunde, wer jetzt wohl mehr gelernt hat – der Hund oder wir...?! Im besten Falle jeder vom anderen auf seine Weise.

Wir danken natürlich auch Turid Rugaas, die uns mit ihrer Arbeit über die Beschwichtigungssignale eine ganz neue Dimension des Verstehens eröffnet hat. Die unzähligen Küchengespräche, Telefonate und emails bleiben unvergessen.

Wir möchten nicht versäumen, Annette Gevatter für die Hilfe bei der graphischen Umsetzung dieses Buches zu danken. Sie vereint auf wunderbare Weise fachliches Wissen über den Hund mit gestalterischer Phantasie und graphischem Können. Auch bei Termindruck und Nachtschichten bleibt sie gelassen und hat mit vielen guten Ideen zum Gelingen dieses Buches beigetragen.

Schließlich bedanken wir uns bei unseren Kolleginnen Veronika Buckel, Andrea Tiedemann, Susanne Hentschel, Barbara Gleixner, Kirsten Berger, Silvia Schneider und Claudia Fraefel und bei allen Kunden, die sich für dieses Buch bereitwillig mit Ihren Hunden fotografieren ließen.

LITERATUREMPFEHLUNGEN

Turid Rugaas: „Calming Signals – Die Beschwichtigungssignale der Hunde"
animal learn Verlag, 2001

Turid Rugaas: „Hilfe, mein Hund zieht"
animal learn Verlag, 2004

Martina Nagel & Clarissa v. Reinhardt: „Stress bei Hunden"
animal learn Verlag, 2003

James O'Heare: „Trennungsangst beim Hund"
animal learn Verlag, 2004

James O'Heare: „Das Aggressionsverhalten des Hundes"
animal learn Verlag, 2003

Anders Hallgren: „Rückenprobleme beim Hund"
animal learn Verlag, 2003

Rupert Sheldrake: „Der siebte Sinn der Tiere"
Scherz Verlag, 1996

Rupert Sheldrake: „Sieben Experimente, die die Welt verändern könnten"
Ullstein Taschenbuch, 2001

Daniel Goldmann: „Emotionale Intelligenz"
Carl Hanser Verlag, 1995

Volker Arzt & Immanuel Birmelin: „Haben Tiere ein Bewußtsein?"
C. Bertelsmann, 1993

Barry Eaton: „Dominanz-Tatsache oder fixe Idee?"
animal learn Verlag, 2003

STICHWORTVERZEICHNIS

AUS UNSEREM VERLAGSPROGRAMM...

STRESS BEI HUNDEN

Martina Nagel, Clarissa v. Reinhardt

Mit einem Vorwort von Anders Hallgren

Stress – ein bislang viel zu wenig beachtetes Thema, wenn es um den treuesten Begleiter des Menschen geht. Die Autorinnen zeigen in ihrem Buch, dass Stress nicht nur bei Menschen, sondern auch bei Hunden die Lern- und Konzentrationsfähigkeit erheblich beeinflusst und sogar zu Verhaltensauffälligkeiten und Krankheiten führen kann.

Das Buch behandelt u.a. folgende Themen:
- Definition: was ist eigentlich Stress?
- Stressfaktoren – wodurch wird Stress beim Hund ausgelöst?
- Anzeichen und Auswirkungen von Stress
- Möglichkeiten, Stress abzubauen und zu vermeiden

Anhand von Fallbeispielen zeigen uns Martina Nagel und Clarissa v. Reinhardt, wie wichtig der Aspekt Stress im täglichen Umgang mit dem Hund ist und was wir tun können, um Konfliktsituationen zu entspannen oder zu vermeiden.

Hardcover, 136 Seiten, mit zahlreichen
farbigen Abbildungen.
ISBN 3-936188-04-1

TRAININGSTAGEBUCH

Das Führen eines Tagebuches ist ein unerlässlicher Helfer beim Erarbeiten von einfachen Übungen oder dem Training zur Verhaltenskorrektur. Es ermöglicht uns, einzelne Arbeitsschritte festzuhalten und so ein genaues Bild darüber zu geben, was, wo, wie und zu welchem Zeitpunkt geklappt hat – oder auch nicht.

Es ist eine wertvolle Hilfe, um genau nachzuvollziehen, wie sich unser Hund im Laufe der Zeit während der Arbeit verändert hat. Oftmals findet man durch das Nachlesen in den über Wochen und Monate aufgezeichneten Notizen Dinge heraus, die in der Routine des Alltags gar nicht aufgefallen waren.

Nicht zuletzt ist so ein Tagebuch auch ein Dokument gemeinsamer Geschichte. All die Kleinigkeiten und Großartigkeiten, die besonders schönen, tragischen und lustigen Ereignisse, die uns mit unserem vierbeinigen Freund verbinden, können darin festgehalten werden. Beim Lesen kommt dann die Erinnerung – an all die besonderen Momente mit unserem Hund.

Hardcover, Fadenheftung, dunkelblau,
160 Seiten, mit Lesebändchen

AUS UNSEREM VERLAGSPROGRAMM...

GEMEINSAM UNTERWEGS –

DAS animal Learn LEHRVIDEO

Clarissa v. Reinhardt bringt Menschen und Hunde zum gemeinsamen Trainingserfolg. In diesem Film erleben wir sie mit ihren eigenen Hunden und erfahren ihre grundlegenden Gedanken zum Umgang mit dem ältesten Begleiter des Menschen. Sehen Sie das Porträt einer Frau, die Hunden mit Liebe, Achtung und Respekt begegnet.

Das logisch aufgebaute Training zum Grundgehorsam kann schrittweise nachvollzogen werden, da jede einzelne Übung genau erklärt und in Zeitlupe wiedergegeben wird. Im Film lernen Menschen und Hunde gemeinsam auf dem Übungsplatz und auf Wanderungen in der wunderschönen Landschaft des südlichen Chiemgau.

Alle Trainingseinheiten bauen auf den natürlichen Verhaltensweisen des Hundes auf. Lernen Sie, Ihre Stimme und Körpersprache gezielt einzusetzen und perfekt auf das Wesen Ihres Hundes abzustimmen. So macht das Arbeiten Menschen und Hunden gleichermaßen Spaß!

VHS Videocassette,
Laufzeit ca. 48 Minuten.
ISBN 3-936188-00-9

CALMING SIGNALS

Das Video zum Buch

Die Norwegerin Turid Rugaas, eine der weltweit angesehensten Hundetrainerinnen, hat über zwanzig Jahre die Beschwichtigungssignale bei Hunden beobachtet und einer breiten Öffentlichkeit zugänglich gemacht.

In diesem Video erklärt sie, warum, wann und wie Beschwichtigungssignale von Hunden eingesetzt werden. Ebenso beschreibt sie, wie wir Menschen diese Signale erkennen, deuten und sogar selbst einsetzen können. Praktische Beispiele von Alltagssituationen im Leben mit Hunden ergänzen diese Dokumentation. So wird es jedem möglich, zu einem besseren Verständnis seines eigenen Hundes, aber auch fremder Hunde zu gelangen.

Dieses Video ist die spannende Einladung, die faszinierende Welt der hundlichen Kommunikation noch besser kennen zu lernen.

VHS Videocassette,
Laufzeit ca. 52 min
ISBN 3-936188-02-5